西安石油大学优秀学术著作出版基金资助出版

鄂尔多斯盆地三叠系延长组底面凹凸构造及其演化与油藏分布

Identification Method of Favorable Reservoir Areas Based on Analysis of Paleo Structure in Hydrocarbon Generating Period

高胜利　杨金侠　著

科学出版社

北　京

内 容 简 介

本书从三叠系延长组湖盆沉积、沉降中心及其迁移规律入手，研究延长组各小层沉积时期底面凹凸构造及其演化特征，考察大量生烃时期各小层底面凹凸构造面貌及其演化，探索各沉积层底面凹凸构造与油藏分布的关系。同时，结合三叠系延长组油气运聚动力特征，最后提出"基于大量生烃期古凸起（斜坡）构造的多因素（沉积、生烃层及层间压差等）油藏有利区识别"方法，并指出该方法的具体操作流程，便于指导生产勘探。本书对鄂尔多斯盆地三叠系延长组油藏勘探研究具有一定的指导意义和参考价值。

本书可供从事油气勘探与开发的生产和科研人员参考，同时也可作为石油地质类专业研究生教学指导材料。

图书在版编目（CIP）数据

鄂尔多斯盆地三叠系延长组底面凹凸构造及其演化与油藏分布＝Identification Method of Favorable Reservoir Areas Based on Analysis of Paleo Structure in Hydrocarbon Generating Period/高胜利，杨金侠著. —北京：科学出版社，2017.12

ISBN 978-7-03-055708-7

Ⅰ. ①鄂… Ⅱ. ①高… ②杨… Ⅲ. ①鄂尔多斯盆地–三叠纪–沉积构造②鄂尔多斯盆地–三叠纪–油气藏–分布规律 Ⅳ. ①P618.130.2

中国版本图书馆 CIP 数据核字（2017）第 293622 号

责任编辑：刘翠娜/责任校对：彭 涛
责任印制：张克忠/封面设计：无极书装

科 学 出 版 社 出版
北京东黄城根北街16号
邮政编码：100717
http://www.sciencep.com

天津市新科印刷有限公司 印刷
科学出版社发行 各地新华书店经销

＊

2017 年 12 月第 一 版 开本：787×1092 1/16
2017 年 12 月第一次印刷 印张：8 1/4
字数：200 000
定价：138.00 元
（如有印装质量问题，我社负责调换）

前　言

鄂尔多斯盆地的油气勘探工作从 1907 年至今已走过一个世纪，勘探范围、勘探对象、涉及的层位及勘探方法不断变化：最初勘探范围从陕北延长地区扩展到全盆地；勘探深度由露头区浅层扩展到覆盖区深层；勘探对象由背斜油气藏扩展到隐蔽油气藏；勘探层位由单一延长组扩展到三叠系—侏罗系多层系复合；勘探方法由单一手段发展到多种手段联合。

关于盆地三叠系延长组油气勘探，到目前为止，已经积累了丰富的勘探理论、方法、手段及地质认识。虽然随着盆地勘探程度的提高、研究的深入，已经形成很多地质认识，但仍然有许多地质问题需要深入研究。在系统分析前人研究成果并结合最新的勘探实践的基础上，发现近年来盆地"增储上产"的地区和层位，其油藏富集规律与地层古构造及其演化有密切的关系，例如"油藏富集于各期湖盆形成时期的边缘或边缘-湖盆中心带过渡带""油藏往往聚集在生烃期古构造背景的斜坡地带""优质储层的形成所具备的古地形条件"等。

本书较系统地研究三叠系各期的湖盆演化规律，试图探索油气成藏的关键控制因素，主要取得两点创新：

（1）系统地恢复出了盆地延长组各期地层底面凹凸构造面貌演化。

湖盆沉降史结果表明，在盆地中部和南部分别发育一沉降中心，中部各期沉降中心轴线在定边—甘泉一线左右来回迁移，而西南部各期沉降中心轴线在环线—旬邑一线左右来回迁移，长 7 期湖盆是中部、西南部两个湖盆合二为一的时期。长 10 期—长 9 期盆地具有 2 个规模相当的湖盆沉降凹陷区。长 8 期盆地 2 个湖盆凹陷仍规模相当，且同时向北移动；各期底面凸起构造（鼻隆构造）丰富、特征明显，三叠系延长组油藏大多分布于底面凸起构造（鼻隆构造）两侧的斜坡带，该构造斜坡带是优质储层（如浊积岩）形成的必要条件。浊积岩的物源是三角洲前缘砂体，这也是油藏主要分布于三角洲前缘沉积体系的原因，构造缓坡带（坡折带）是浊积岩砂体、水下分流河道及河口坝砂体储层形成的场所。

（2）形成了"基于大量生烃期古凸起构造的多因素（沉积、生烃层及层间压差等）油藏有利区识别"方法，指出该方法的具体操作流程，便于指导生产勘探。本书认为①首先依据大量生烃期古凸起构造图识别出古凸起的脊线位置及古凸起构造的底部位置，确定古凸起范围及凸起高点连线；②古凸起范围内，在古凸起高点连线（脊线）两侧的斜坡区域，识别出凸起构造有利区；③凸起构造有利区与层间异常压力差图叠合，识别出运聚有利区范围；④运聚有利区与沉积相图叠合，识别出沉积相有利区，此沉积相有利区范围也就是最后识别出的最终勘探有利区。

全书共分五章，第一章主要依据几乎全盆所有的石油钻井及部分天然气探井资料，应用地层厚度法结合最新的各小层砂地比数据研究湖盆中心及其迁移规律；第二章定量化地研究湖盆底面的特征及其演化规律；第三章进行生烃期后各含油层底面凹凸构造及其演化研究，研究湖盆底形隆拗分布、迁移演化特征，并结合最新的油藏分布资料，分析湖盆底形及其演化特征对优质储层的形成、分布及保存条件的控制，在晚白垩世末前，依据湖盆底形恢复结果主要分析砂体成因、分布，晚白垩世末后，主要分析油藏保存条件；第四章讨论大量生烃时期异常地层压力与油藏分布的关系，主要论述油页岩在大量生烃后，是如何聚集到储集层的，往哪里聚集，运聚动力的大小及其分布，探索油藏的分布规律；第五章形成基于大量生烃期古凸起构造的多因素油藏有利区识别方法。从前面的分析得出，延长组各层底面在中侏罗世（开始生烃）到最大生烃时期发育有多条大型古凸起构造，并且古凸起构造具有良好继承性。勘探实践已充分证实，生烃时期发育古凸起构造控制油藏分布，盆地东北部及西南部大油田均分布于古凸起构造两侧。

在本书的编写过程中，陕西师范大学杨金侠参与全书各章共计约 5.5 万字相关内容的编写。同时，该书的出版得到西安石油大学科技处的大力支持与帮助，在此表示衷心的感谢！

由于作者水平有限，书中不妥之处在所难免，敬请批评指正！

高胜利　杨金侠

2017 年 12 月 18 日

目　录

第一章 残余地层厚度揭示的底面凹凸构造面貌

研究鄂尔多斯盆地延长组不同时期湖盆中心及其迁移，已经有很多论述，本章主要依据全盆几乎所有的石油钻井及部分天然气探井资料，应用地层厚度法结合最新的各小层砂地比数据研究湖盆中心及其迁移，以期得到前人没有的新认识。

一、关于沉积中心、沉降中心及堆积中心的相互关系

孙肇才（1980）沿用国际上通用的塞勒"沉积中心"概念，将一个时间地层单元最大厚度轴（不论粗细），一律当作沉积中心去考察；杨治林（1984）认为沉积中心是沉积物最终的堆积地，因而岩性最细，一般可从岩性图上反映出来，主要受岩性控制，与岩相一致；王宜林等（1997）曾将沉积中心定义为盆地或拗陷最细沉积物分布区，为中心沉积相发育区；孙肇才（2003）把沉积中心理解为一个盆地水体最深的地区，因而也是陆源碎屑沉积最细的地带；曹红霞等（2008）认为沉积中心（depocenter）是在一个沉积盆地中，沉积物最细、沉积厚度较大、沉积速率最慢的地区或位置，也可指盆地中同一地层单元中沉积厚度最大的部位。

堆积中心是沉积物堆积最厚的地区（王宜林等，1997），很好理解。

沉降中心（subsidence centel）是基底的垂向运动，是在一个沉积盆地中，盆地沉降作用最明显、盆地沉降幅度最大并与沉积补偿作用相适应的沉积地区。沉积盆地中的沉降中心常受盆地构造运动、沉积载荷、构造应力调整等因素的控制而发生迁移。杨治林（1984）认为沉降中心受基底的稳定程度和沉积物的补偿速度制约，与岩性无关或关系不明显；孙肇才（2003）把沉降中心理解为一个盆地陆源碎屑沉积最厚最粗的地带；杨治林（1984）认为沉降中心基底下沉快，沉积物补偿快，从而厚度大。

沉降作用是沉积盆地的生命线，沉降中心的形成和变化，制约着沉积或堆积中心的分布和迁移（刘池洋等，2005）。盆地的沉降造就了沉积物堆积的可容空间，沉降速率与海（湖）平面相对变化速率等影响着生油岩相带与储集岩相带的发育，与沉积物供给速率等一起制约着生油岩和储集岩的优劣。盆地的持续沉降使生油岩逐步埋藏从而进入生油门限，盆地的热体制决定了生油门限的大小，盆地的差异沉降与局部隆升或遭受挤压等引起沉积相带分异与圈闭等的形成（王宜林等，1997）。

王宜林等（1997）认为这 3 个中心"在成因上密切相关，在位置上互有联系，但其概念和地质意义仍有区别，三者不能简单替代"。其中沉降中心的地质意义更为重要，沉降中心主要受区域构造作用和深部热力作用的控制。盆地或拗陷沉降中心的形成和

变化，制约着沉积中心或堆积中心的分布和迁移，且常与后二者或其中之一的分布位置大体一致。

孙肇才（1964，1980）最早研究了盆地三叠系延长组沉积拗陷带的迁移，认为第一段（$T_3 y_1$）拗陷中心在庆阳、华亭一带，厚度达到 591~1246m；至第二＋三段（$T_3 y_{1+2}$），拗陷中心向东南移至旬邑、四郎庙地区，厚度达到 800m 左右，岩性最细，黑色页岩发育，是延长组较深水湖相分布地区；到了延长组沉积中晚期，沉积中心迁移到盆地东部地区。作为延长组拗陷中心的盆地东南部地区，在侏罗纪沉积时，已成为拗陷带的边缘了，侏罗系在黄陵—铜川一带主要是一套河流、沼泽相，地层总厚度不过 100m 上下。有人主张侏罗系的沉积拗陷中心有 2 个，但是公认有较深湖、深湖相沉积的地区是在盆地东部延安、甘泉一带。不仅如此，拗陷带的范围也大大缩小，以 $J_2 y_2$ 为例，该段具明显拗陷性质的范围为以延安为中心，向北止于子长，南迄富县，西到志丹县。在上述界线以外，较深湖相则为"浅湖"、沼泽合煤相带所代替。至于侏罗系在西部灵武盐池地区是否也存在一个拗陷的问题，尚缺乏这方面的资料。因为那里煤层已很发育，煤层之间可能有深水沉积，这需要做详细的岩石成因类型和相分析之后才能确定。在沉积下白垩统志丹（保安）群时，湖盆进一步缩小，下白垩统拗陷带转移到盆地西部，组成在地质图上可以看出的天大（池）、环（环县）向斜带，这个向斜实际上是一个白垩系沉积的拗陷带。

马宝林等（2000）经过几十年对我国主要含油气盆地的研究，认为沉积中心迁移规律，大致可以得出 3 种类型：一是直线型迁移，如准噶尔盆地与柴达木盆地；二是弧线型迁移，如鄂尔多斯盆地；三是对迁，如塔里木盆地。他认为鄂尔多斯盆地中生代地层沉降、沉积中心与生油气凹陷中心基本呈重叠相符一致迁移，并具弧型逆时针迁移特征。晚三叠世中期，沉积最厚最细的范围位于盆地东南铜川以北地区；晚三叠世晚期，沉积最厚最细且有煤层发育的范围为大理河和无定河一带；侏罗纪时，沉降与沉积中心移至盆地西部马家滩—大水坑一带；白垩纪时，沉积中心移至庆阳—华池以南地区。在中生代盆地沉积、沉降中心的迁移表现出构造运动的左行旋转扭动，正好反映了华北及其邻区块体转动的几何学和运动学特征。表明鄂尔多斯块体的南北部在两条近东西向平移断裂夹持下，并且受本身东西两侧右旋扭动断裂切割的影响，形成盆地北部沉积、沉降中心的左行旋转迁移，造成鄂尔多斯盆地北部为西深东浅，而南部为东深西浅的箕状新生代凹陷。

武守诚认为鄂尔多斯盆地自印支运动后，晚三叠世到侏罗纪沉积中心运动的轨迹方向为西南向东北，盆地沉积中心的运动规律由中朝板块运动的特点控制。盆地沉积中心、堆积中心及沉降中心的形成和演化过程中，常有隆起和拗陷构造格局的形成。隆起和拗陷是在统一的盆地中发展起来的正向或负向构造单元。它们的发展和变化是相辅相成的，呈上升状态的隆起一方面把盆地分割成若干个拗陷，同时隆起上被剥蚀的产物又是拗陷内沉积作用的物质来源，隆起的岩性、结构和发展变化直接影响到拗陷的岩性、结构和发展变化。对于有多个隆起和拗陷的盆地而言，早期被隆起所分割，各拗陷互不连通，后期盆地普遍下沉时才形成统一的沉积单元，因此每个拗陷既有共同的结构特点和发展过程，又有自己特殊的结构和发展过程。

二、本书研究依据的概念原理及方法

结合前人关于沉积中心、沉降中心和堆积中心的解释及其应用，认为沉积中心要体现"水体最深、沉积物最细"的特点；堆积中心是体现"地层最厚的区域"；沉降中心是基底垂向运动幅度最大的地区。

本书研究应用塞勒的"沉积中心"概念，将一个时间地层单元最大厚度轴（不论粗细），一律当作沉积中心去考察，同时结合各层砂地比平面特征，研究延长组各小层的沉积中心及其迁移。本书应用冯增昭（2004）在研究岩相古地理重建所倡导的"单因素分析多因素综合作图法"，主要考虑了单因素，即地层厚度、砂地比和泥岩厚度。

应用地层厚度研究沉积中心及其迁移特征，其理论基础是经典厚度法原理。经典厚度法早在 20 世纪 20 年代就已提出，1955 年 Kay 把这一方法的原理概括为：地质时期形成的沉积岩和火山岩的厚度和岩性在地表上有很大变化，反映了它们堆积以前和堆积期间的形变作用。厚度是拗陷和沉没的尺度；岩性特征则反映了盆地周围高地的性质，地质体的几何形态和它们随时间的演化表明形变速度的变化。

依据经典厚度法形成机制表明这一方法的下述特点：厚度对地壳运动幅度和方向变化的自调节作用。在地壳不均匀拗陷的情况下，大范围沉陷中的局部隆起将由沉积厚度减小，甚至出现水下冲刷的形式反映出来；适当的物质供应是建立补偿状态的重要条件，这就决定了厚度法最适用于广大的浅海大陆架等地区，即被动大陆边缘；地层堆积速度的极大差异反映出补偿状态的悬殊（马文璞，1992）。应用经典厚度法估算地壳拗陷幅度只有在补偿状态下，堆积中心才可以当作沉降中心。在非补偿和超补偿的状态下，需要补偿校正，经过校正以后，等厚度线就转化为等拗陷线，它除了表明拗陷幅度的空间变化及最大拗陷中心位置以外，等拗陷线的长轴方位及其随时间的迁移显然还反映了该地史时期的古应力场状况。一个盆地的堆积中心和拗陷中心在空间上不一定必然重合，前者可根据地层最大厚度值固定，后者往往处于碎屑物质不能到达的非补偿地区，可能由静水还原环境的暗色页岩所代表。

某层地层厚度可以反映该层段沉积时的古大地构造格局，即相对隆起和相对凹陷的格局。某沉积地区某沉积层段的厚度主要受该地区沉降幅度的控制，也与其沉积物质的供给有关，水体深度对厚度影响不大。因此，一个地区某沉积层段的厚度等值线图主要反映该地区该层段沉积时的古大地构造格局，主要是相对隆起和相对对凹陷的格局。在陆源物质，尤其是粗粒陆源物质沉积发育的地区，沉积厚度也反映陆源物质的供给条件。在重力流沉积及其他异地沉积发育的地区，沉积厚度又与搬运物质的介质有关。沉积厚度与水体深度并无必然的联系，即厚度大的地方水体并不一定深，厚度小的地方水体也不一定浅。厚度为零的地方不一定就是古陆或古岛屿，这取决于这个"零"是"沉积零"还是"剥蚀零"。

三、地层厚度揭示的各期湖盆凹凸构造面貌

本书通过 3100 余口钻井资料编制地层厚度图，得出不同地层沉积时的凹凸构造面貌特征。

1. 长 10 沉积期湖盆底面凹凸构造面貌

长 8 段厚度表现为"多沉积厚度带，呈带状北西-南东方向分布"的特征。整体表现为 5 个堆积厚度中心，揭示有 5 个凹陷区：南部的宁县-正宁堆积中心、直罗堆积中心及甘泉东南堆积中心，这 3 个堆积中心的最大堆积厚度一般为 200~320m；中东部的镰刀弯-志丹-安塞堆积中心，最大堆积厚度一般为 320~420m；西北部的鄂托克前旗东南堆积中心，最大堆积厚度一般为 260~400m。从局部小范围看，在盆地南部 3 个堆积中心呈北东-南西方向展布，从西南向东北方向，堆积厚度逐渐减少；全盆地大范围看，5 个堆积中心整体呈北西-南东向展布的特征，堆积中心大致为鄂托克前旗—靖边—志丹—直罗—宁县一线，该区域之外的其他地区，地层厚度小于 140m，揭示为大面积的凸期区域（图 1-1）。

2. 长 9 沉积期湖盆底面凹凸构造面貌

该期整体表现为 3 个堆积中心组成的南、北及中部地区的较厚堆积带：南部的镇原—宁县—旬邑—铜川一线地区，厚度一般为 250~300m；中部的姬塬—吴旗—桥镇及环县—华池地区，厚度一般为 130~200m；东北部的靖边—横山地区，厚度一般为 130~200m。围绕中部堆积厚度区，有一呈"近似环形"的较薄堆积厚度区，揭示长 9 沉积期湖盆底面在南北两则及中部地区分别呈现凸起构造面貌，围绕盆地中部呈现一"似环状凹陷带"（图 1-2）。

长 9 段"李家畔"页岩厚度表明，堆积厚度在志丹—延安—甘泉一线地区最厚，一般为 12~22m，其次为定边地区，堆积厚度，一般在 10m 左右，而盆地西南的大片地区，"李家畔"页岩堆积厚度一般小于 4m。长 9 段"李家畔"页岩厚度轴更能表明沉积中心带所在位置，结合该期地层厚度认为长 9 期沉积中心（轴）在定边—甘泉一线，长 9 期湖盆最深处在志丹—甘泉一线地区，说明长 9 沉积期大部分地区堆积中心与沉积中心不一致（图 1-3）。

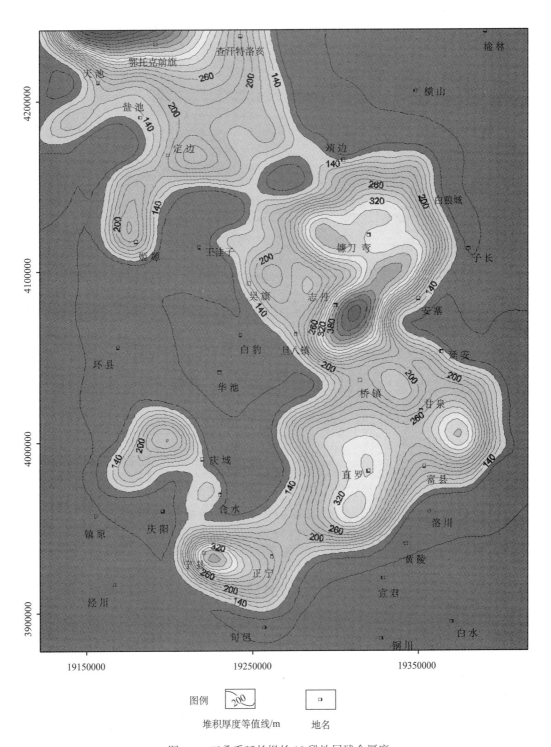

图 1-1　三叠系延长组长 10 段地层残余厚度

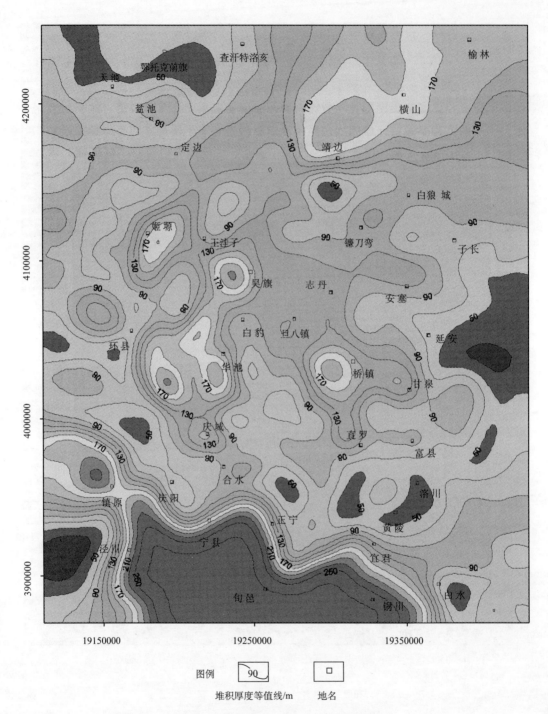

图例 <u>90</u>   □

堆积厚度等值线/m   地名

图 1-2 三叠系延长组长 9 段地层残余厚度

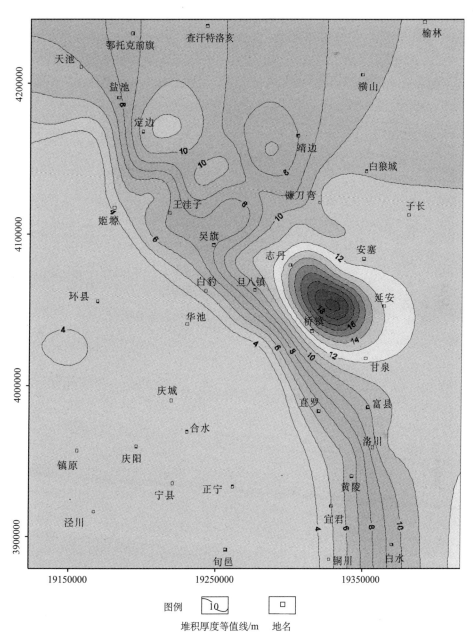

图例　　10　　　　　□

堆积厚度等值线/m　　地名

图 1-3　三叠系延长组长 9 段泥岩厚度

3. 长 8 沉积期湖盆底面凹凸构造面貌

整体上盆地东、东南部堆积厚度较大，沉积厚度为 90~130m，揭示为凹陷带，凹陷最深带在白水—黄陵一线，而在白狼城—富县一线堆积厚度较薄，沉积厚度在 90m

左右,揭示为一大面积开阔的凸起地带。另外盆地西部姬塬—环县—镇塬一线堆积（沉积）厚度为 90~100m,显示一南北向展布的开阔斜坡带。堆积（沉积）厚度最薄区整体呈北西-南东方向展布,分布在盐池—定边—吴旗东—旦八镇—桥镇—正宁北一线地区。说明长 8 期湖盆底面凹凸构造面貌相对长 9 期及长 10 期变化明显,此期在盆地中部形成一北西-南东向的凸起带,该带东北部为大面积缓坡带,在盆地边缘的东南及西部局部地区仅表现为凹陷格局（图 1-4）。

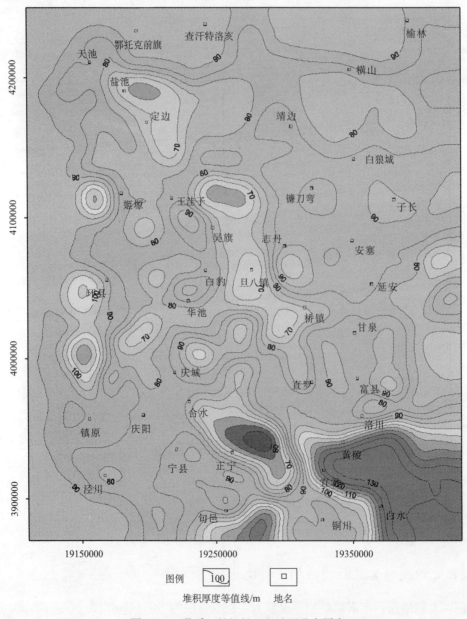

图 1-4　三叠系延长组长 8 段地层残余厚度

4. 长 7 沉积期湖盆底面凹凸构造面貌

该期地层堆积（沉积）厚度分布特征相对长 8 沉积期发生明显变化，较厚沉积厚度表现为 3 条近似呈北西-南东方向展布，1 条呈近东西向展布的带状特征，其中，盆地北部沉积厚度最大，一般为 150~270m。5 条较厚地层带间，沉积厚度较薄，一般小于 70m。揭示长 7 沉积期湖盆底面有 4 条凹陷带：环县-合水凹陷带、姬塬-直罗凹陷带、定边-延安凹陷带呈北西-南东向展布；定边-横山凹陷带呈近东西向展布。5 条凹陷带间及盆地东南部大面积表现为平坦的突起区（图 1-5）。

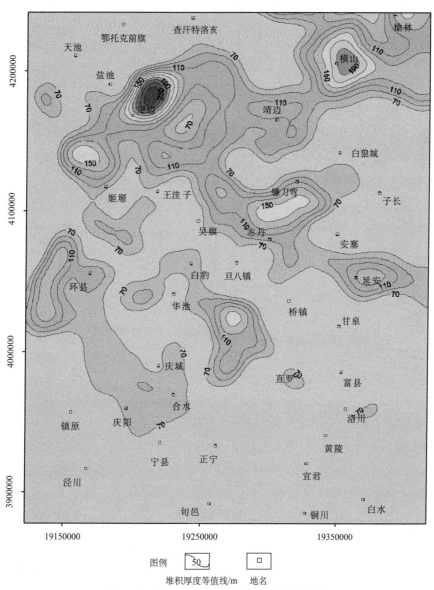

图 1-5 三叠系延长组长 7 段地层残余厚度

长 7 段"张家滩"页岩厚度显示，其厚度最大区域在姬塬—直罗一线，呈北西-南东向展布，厚度一般为 32~52m，盆地东北及西南地区"张家滩"页岩厚度较薄，而东北部最薄，在镰刀弯—安塞东北地区一般小于 10m，西南部"张家滩"页岩厚度相对较薄，在环县—合水—铜川一线的西南大片地区，厚度为 16~24m（推测该厚度仍能为西南部提供大量长 7 期生烃岩）。"张家滩"页岩厚度表明，长 7 沉积期沉积中心（轴）线应在姬塬—直罗一线（图 1-6）。

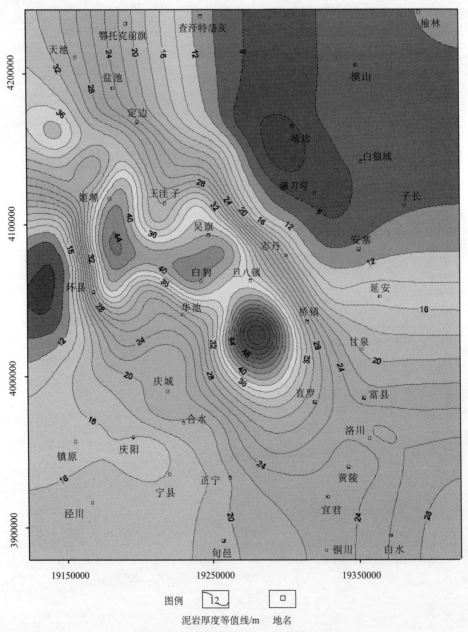

图例 [12]   [□]
   泥岩厚度等值线/m 地名

图 1-6 三叠系延长组长 7 段泥岩厚度

5. 长 6 沉积期湖盆底面凹凸构造面貌

长 6 期较大堆积（沉积）厚度表现有 2 个带状分布区，揭示为 2 个凹陷带：盆地中北部近北西-南东向展布的盐池—吴旗—志丹—旦八镇地区，沉积厚度一般为 130~210m；东南部近北东-南西向展布的榆林—安塞—甘泉—宜君地区，堆积厚度也为 130~210m。

两个堆积厚度带间的靖边—镰刀弯—桥镇—直罗一线地区地层相对较薄，面积小而窄，揭示为凸起带，中北部厚堆积带的西南地区沉积地层也相对较薄，小于 110m，面积大，揭示为斜坡带（图 1-7）。

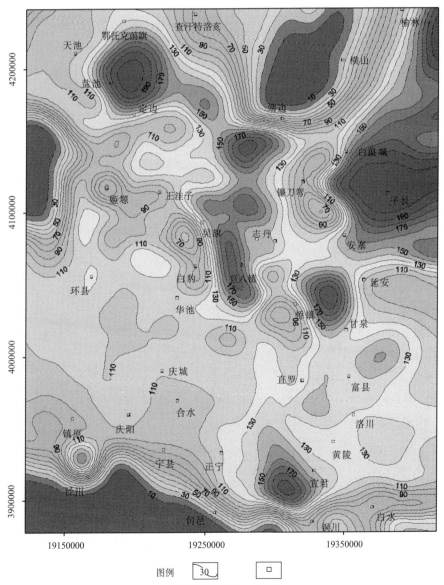

图例　[30]　　[□]

堆积厚度等值线/m　地名

图 1-7　三叠系延长组长 6 段地层残余厚度

6. 长 4+5 沉积期地层底面凹凸构造面貌

长 4+5 段堆积（沉积）厚度分布显示有明显的不同于前期的特征，在盆地南部表现为堆积（沉积）厚度"一厚一薄"相临分布的特征：东南部的安塞—志丹—正宁—铜川—黄陵—富县—延安堆积厚度大，一般为 90~110m，揭示为凹陷区；西南部的镇原—庆阳—宁县—宜君—泾川地区及庆城地区，堆积厚度较薄，一般小于 50m，揭示为凸起区，而盆地北部大面积堆积厚度为 70~90m，揭示为斜坡区（图 1-8）。

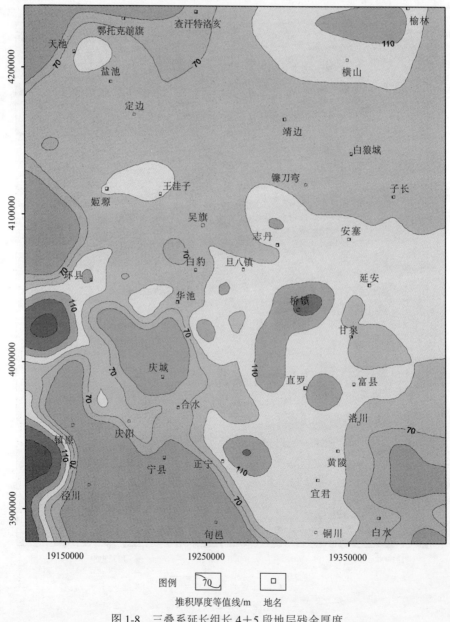

图 1-8　三叠系延长组长 4＋5 段地层残余厚度

长 4+5 段纯泥岩厚度图显示，泥岩最大堆积厚度呈北西-南东向展布，分布在盐池—定边—姬塬—吴旗—直罗—黄陵—白水一线地区，厚度一般为 10~13m，揭示该带为凹陷带，也是沉积中心带。盆地东北及西南地区纯泥岩较薄，一般小于 4m，并且面积分布广，揭示为斜坡带。

长 4+5 段纯泥岩厚度图及残余厚度表明，在盆地东南、西南及东北局部地区二者厚度特征一致，说明该沉积期盆地西北部地区沉积中心和堆积中心不一致而其他地区基本一致（图 1-9）。

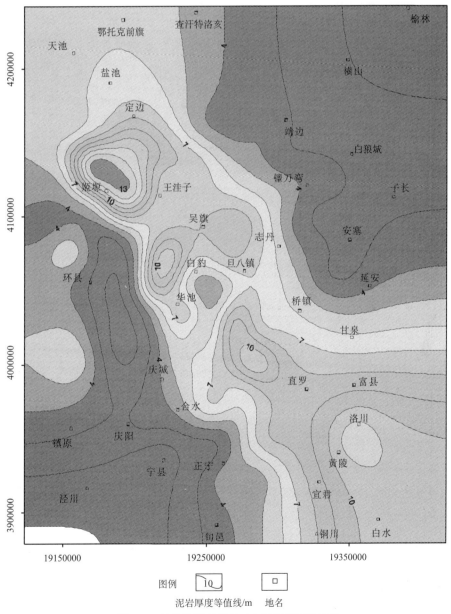

图 1-9 三叠系延长组长 4+5 段纯泥岩厚度

7. 长 2 段和长 3 段沉积期地层底面凹凸构造面貌

长 2 段和长 3 段总地层厚度中部及东北地区堆积厚度大，从中部向东北方向厚度逐渐加厚，白狼城—榆林地区厚度一般为 530~900m，揭示长 3 段底面为凹陷构造面貌，而盆地中部大片地区堆积厚度为 170~410m，揭示长 3 段底面为较平缓的斜坡带区域。盆地南部分布一近似环状的堆积厚度较薄区域，厚度一般为 100~170m，揭示长 3 段底面在盆地南部发育"似环状"凸起带，凸起幅度最高位于西南部环县—宁县一线地区。另外，在西北部的天池南—吴旗一线也表现为幅度相对略小的凸起区（图 1-10）。

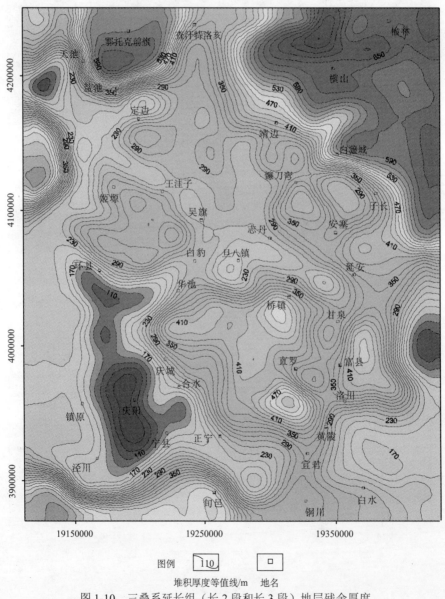

图例　　🔲110　　　🔲

　　　　堆积厚度等值线/m　　地名

图 1-10　三叠系延长组（长 2 段和长 3 段）地层残余厚度

四、砂地比特征揭示的各期湖盆沉积中心

三叠系储集砂体主要包括东北向三角洲和西南方水下扇-浊积扇，前者有三角洲平原分流河道、三角洲前缘水下分流河道、河口坝及其复合型等砂体；后者有扇三角洲-浊积扇等砂体。其中三角洲平原分流河道、三角洲前缘席状砂、河口坝等砂体及水下分流河道砂体是油气富集的主要场所。

（1）三角洲平原分流河道砂体。三角洲平原分流河道砂体广布于三角洲平原亚相，处于河流下游，河流入湖的河口附近。砂体展布受河道的制约，主河道部位砂体厚，呈透镜状。分流河道在侧向上不断摆动，不同时期的主河道砂体叠复在一起，厚度大。岩性以中细粒砂岩为主，砂体中部物性好。砂体经过较长距离的搬运后，杂基含量较小，分选程度较好，砂岩的成分成熟度和结构成熟度均较高，早成岩期的机械压实作用相对较弱，有利于原生孔隙的保存。砂体的两侧为河间沼泽，厚度变薄，物性变差，是形成油气侧向运移的遮挡条件，有利于油气富集。三角洲平原分流河道砂体容易形成压实构造油藏、渗透性差异油藏和砂岩透镜体状油藏。

（2）三角洲前缘席状砂、河口坝等砂体。河口坝是由河流携带的碎屑物质在河口处因流速降低堆集而成，一般分布在三角洲平原分流河道入湖的河口处。其突出特征是具有向上变粗的沉积粒序，自下而上为泥质粉砂岩—粉砂岩—细砂岩—中砂岩。河口坝中上部主要为厚层块状砂岩，以中细粒—粗粉砂为主，粒度分布均一，分选较好。在河口坝周围和前方大范围分布的细-粉薄层砂，常与滨浅湖相泥岩呈互层状，虽然规模小，但分选好，物性好，是三角洲前缘中较好的储集砂体类型。另外，砂岩之间以暗色泥岩相隔或伸进浅-深湖相泥岩中，成为暗色泥岩中生成的油气的指向区。

（3）水下分流河道砂体。水下分流河道砂体为三角洲平原分流河道砂体向前延伸入湖后的水下沉积部分，其展布形态仍然受主河道的制约。砂体呈透镜状展布，分布范围不如三角洲平原分流河道亚相大。主砂体厚度大，多期叠加后，可形成更厚的砂层。岩性以中细砂岩为主，砂体核心岩性较粗。砂体经过湖水的反复冲洗后，杂基含量少，分选好，均一程度好，结构成熟度高。在早成岩时期，这种砂岩有较强的抗压实能力，保留了较多的剩余粒间孔。该环境中形成的砂岩具有两个特点：一是由于受东北物源供给的影响，砂岩中含大量的斜长石和火山碎屑，长石和火山碎屑是蚀变生成浊沸石的物质基础；二是侧向为分流间湾泥岩沉积，且由于三角洲相随时间向湖心推进，往往使水下分流河道砂体叠复于长 7 期生油中心的暗色泥岩之上。成熟期随着暗色泥岩中有机质向烃类转化，生成的酸性水易于排入砂岩中，引起浊沸石、长石等矿物的次生溶蚀，形成大量的次生溶孔，使得水下分流河道砂岩体的孔、渗特征得到进一步改善。在平面上砂、泥岩间互出现，砂岩呈透镜体状，易于形成岩性尖灭油藏、地层-岩性油藏、压实构造-岩性油藏。沿砂体向物源方向，逐渐远离生油岩，形成浊

沸石次生孔隙的酸性条件逐渐丧失，出现成岩胶结致密遮挡，有利于形成差异溶蚀油藏。

（4）扇三角洲-浊积扇砂体。主要受西部物源控制，出现在长6期—长8期油层组，属半深水-深水湖相沉积。西南缘的平凉—镇原水下扇是三叠系延长组水下扇勘探的主要对象。该水下扇上扇部分的崆峒山砾岩已出露地表，不能形成有效的油气聚集区。中、下扇岩性细，以粉细砂岩为主，岩屑含量较高，以岩屑长石砂岩或长石岩屑砂岩为主。早成岩期原始孔隙损失严重，达40%。其储集空间主要为剩余粒间孔隙和成岩次生孔隙所组成的复合型孔隙空间。储集层油气的富集程度受砂体展布和次生溶孔发育程度的双重影响。在砂体形态上主要受水下分流河道及三角洲前缘浊积砂体控制。水下分流河道中砂体厚，粒度粗，压实后剩余粒间孔隙含量较高，但离生油岩较远，次生孔隙不甚发育。三角洲前缘浊积砂体，虽然粒度细，剩余粒间孔隙小，但靠近生油有利区，次生溶孔发育，仍不失为该区重要的储集砂体。然而，较东部三角洲储集砂体相比，由于缺乏火成岩碎屑，未能形成浊沸石蚀变区，浊沸石次生溶孔也就不如东部三角洲砂岩发育。这类砂岩的次生溶孔主要为碳酸盐岩及长石的次生溶孔，可形成非均质遮挡油藏。

长10段地层砂地比分布特征表明，盆地北西-南东向查汗特洛亥—志丹—富县一线的大片地区，砂地比小于40%，为盆地最小区域，沉积特征为浅湖相，在盆地北西-南东方向砂地比最低，小于40%，为浅湖相沉积，该地区应为该期沉积中心。西北、东南部砂地比大，西南部砂地比为72%~88%，沉积相类型为辫状河三角洲，西北部砂地比大于72%，为扇三角洲沉积，砂体规模较西南部小，东北、东南部砂地比为40%~64%，依次向湖盆内部发育三角洲平原、三角洲前缘等沉积相类型（图1-11）。

长9段地层发育来自北部、西部及南部3支砂地比高值区，砂地比大于18%，为扇三角洲或辫状河沉积体系，东北部砂地比主要为12%~18%，为正常三角洲沉积体系。盐池东—王洼子—志丹—直罗—黄陵—白水一线砂地比非常低，该区域为该期沉积中心，相对长10期略向东偏，该区域为半深湖-深湖沉积体系（图1-12）。

长8段地层盐池—定边—王洼子—华池—志丹—黄陵一线，砂地比小，小于22%，为该期沉积轴线和沉积中心区域，为浅湖、半深湖沉积，分布范围较前期变窄。其他地区较高砂地比呈条带状分布，向湖盆沉积中心汇聚。西部、南部主要发育辫状河或扇三角洲沉积体系，其他地区发育正常三角洲体系（图1-13）。

长7段地层东北、西北及西南部3支方向砂地比较高，但分布范围非常小，广大地区砂地比小于6%，表明该期湖盆发育，湖岸线大幅度外扩，半深-深湖面积广布于盐池北、定边、吴起、志丹、永宁、环县东、庆阳、西峰、正宁、直罗、洛川及其以东广大地区内。沉积深灰色、灰黑色的泥岩、油页岩（何自新等，2003）。

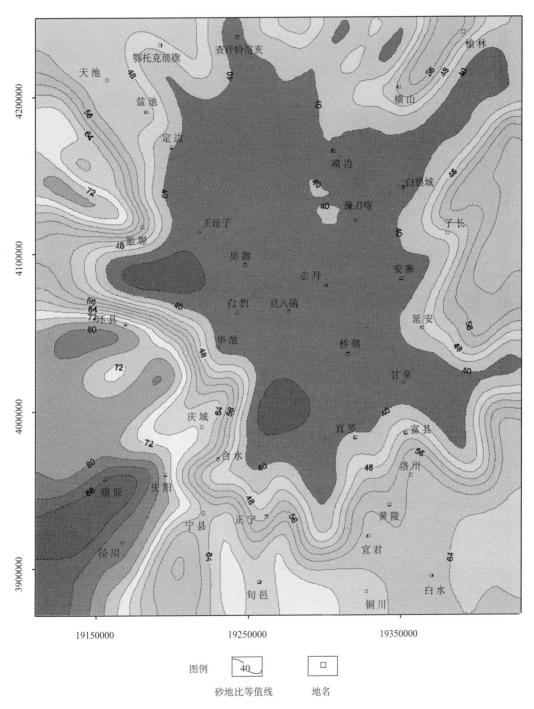

图 1-11　三叠系延长组长 10 段地层砂地比平面分布图

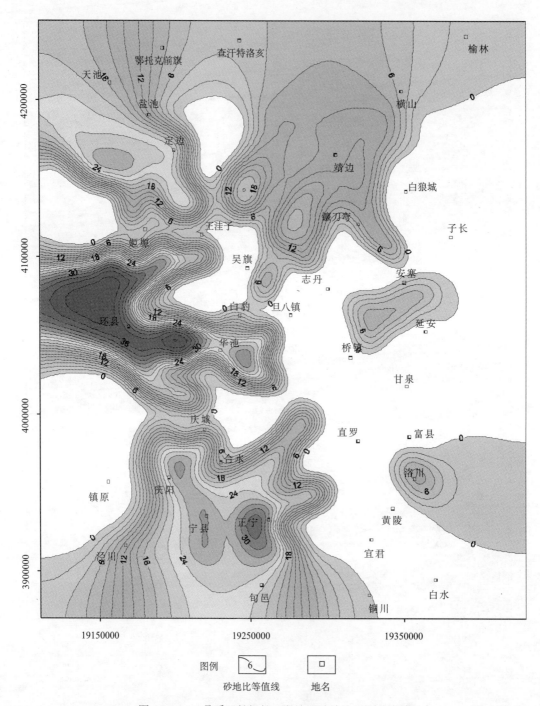

图 1-12　三叠系延长组长 9 段地层砂地比平面分布图

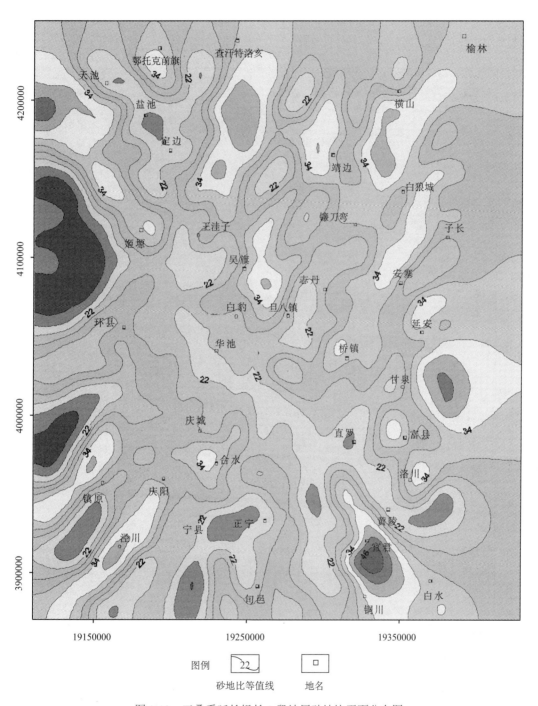

图 1-13 三叠系延长组长 8 段地层砂地比平面分布图

长 6 段地层东北部及南部砂体发育，大于 42%砂地比线从东北向西南分布于靖边—吴起—甘泉—子长地区，为三角洲平原及三角洲前缘沉积体系。南部大于 30%的砂地比分布在铜川—宜君及正宁—合水地区，为辫状河三角洲沉积体系（图 1-14）。

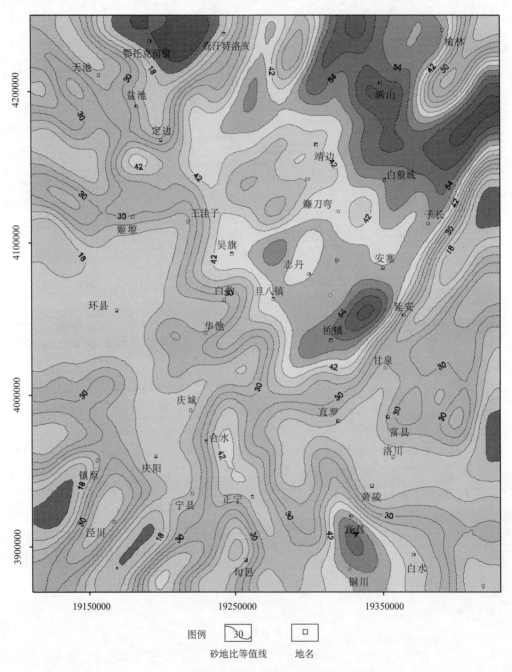

图 1-14　　三叠系延长组长 6 段地层砂地比平面分布图

长 4+5 段地层西北部、东北部砂体发育，大于 24%砂地比从东北向西南、从西北向东南延伸到姬塬—华池—直罗—甘泉一线，东北部广泛发育正常三角洲沉积体系，西北部发育扇三角洲沉积体系。同时西南部砂体向东北方向延伸至环县—庆城—宁县一线，为辫状河三角洲沉积体系（图 1-15）。

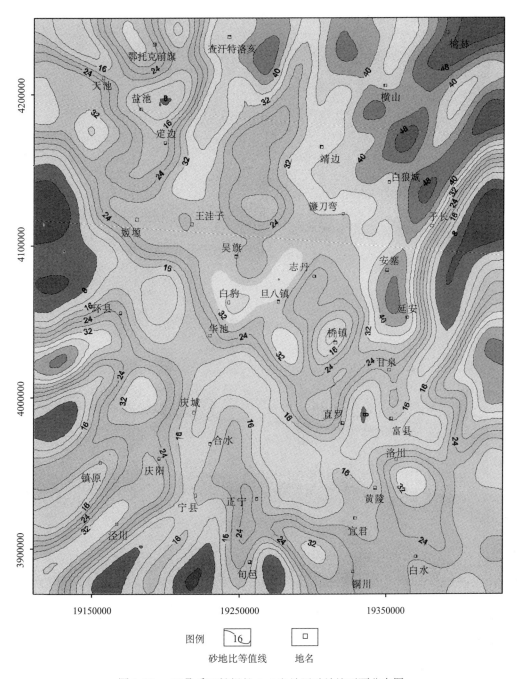

图 1-15　三叠系延长组长 4+5 段地层砂地比平面分布图

长 3 段地层东北、西北地区砂地比较南部地区大，大于 35%砂地比区域分布在姬塬—华池—甘泉—延安—子长一线以北的广大地区，东北部为正常三角洲沉积体系，西北部为扇三角洲沉积体系。南部地区的环县—富县—正宁—旬邑地区砂地比较小，为该期沉积中心地带，沉积中心相对前期向南偏移（图 1-16）。

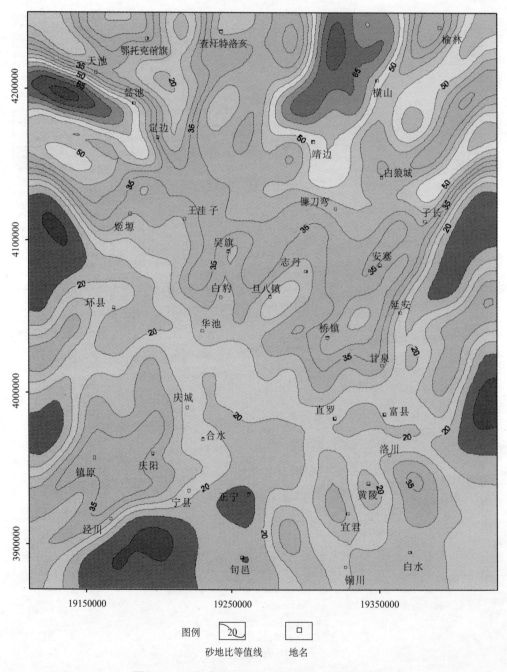

图 1-16　三叠系延长组长 3 段砂地比平面分布图

长 2 段地层砂地比整体较高，高值区主要分布在北部及东北部，大于 65%，西南部及南部地区砂地较低，小于 40%，表明该期湖盆进一步向南萎缩。

五、湖盆演化特征

1. 各期湖盆中心

延长组经历了湖盆初始形成阶段（长 10 期）、湖盆扩张阶段（长 9 期—长 7 期）、湖盆萎缩消亡阶段（长 6 期—长 1 期），为一个完整的湖盆演化过程（赵贤正等，2009）。

本书主要依据各期地层厚度揭示的各期隆坳格局及各期砂地比和泥岩平面分布特征，研究延长组各小层的湖盆演化（迁移）规律。认为在湖盆的形成阶段（长 10 期—长 7 期）和消亡阶段（长 7 期—长 1 期），表现为沉积坳陷"分离—聚合—再分离"的特征，在湖盆的形成阶段（长 10 期—长 7 期），主要表现为 1 个主、2 个次沉积坳陷及其迁移现象。沉积中心或沉积坳陷（或沉积轴）分别向东北、西南同时迁移，表明湖盆范围不断扩大。而在湖盆消亡阶段（长 7 期—长 1 期），2 个沉积中心或沉积坳陷（或沉积轴）分别向东南、西北方向迁移，表明湖盆不断萎缩，直到最后消亡。

在湖盆的形成阶段（长 10 期—长 7 期），长 10 期湖盆沿北西-南东向展布。长 10 期湖盆开始形成，位于鄂托克前旗—靖边—志丹—直罗—宁县一线；长 9 期湖盆快速下沉，湖岸线外推迅速，前期的 1 个沉积坳陷中心演变为 2 个，东北沉积坳陷轴分布在靖边—吴起—桥镇—直罗一线，西南部沉积坳陷轴分布在姬塬—华池-正宁-旬邑一线；长 8 期湖盆面积继续增大，东北部的沉积坳陷继续向东北方向迁移，沉积坳陷轴主要分布在横山—延安—富县一线，而西北部的沉积坳陷持续向东南方向迁移，沉积坳陷轴主要分布在华池—黄陵—白水一线；长 7 期湖岸线范围明显扩大，表现为一个大的、整体的沉积坳陷，在地层厚度平面分布图上，全盆地厚度变化平缓，其中长 7 期沉积厚度最大区域主要分布于中、中北部，在定边—靖变—志丹区域，沉积坳陷相对长 10 期、长 9 期及长 8 期汇聚而北迁。

在湖盆消亡阶段（长 7 期—长 1 期），进入长 6 期，湖盆面貌发生了显著的变化，前期的 1 个沉积坳陷演化为 2 个，东南部的沉积坳陷向盆地方向收敛，沉积坳陷轴分布在子长—甘泉—宜君一线，而西北部的沉积坳陷分布萎缩，收敛至盐池—志丹一线；长 45 期湖盆变浅而面积增大，西北部沉积坳陷进一步向西偏南方向收缩，分布在盐池—姬塬—志丹一线，而东南部沉积坳陷面积变大略向盆内收缩，分布在横山—直罗—铜川一线。

2. 湖盆中心迁移特征

综合考虑地层厚度、泥岩厚度及砂地比，得出沉积中心（轴）特征（图 1-17）。

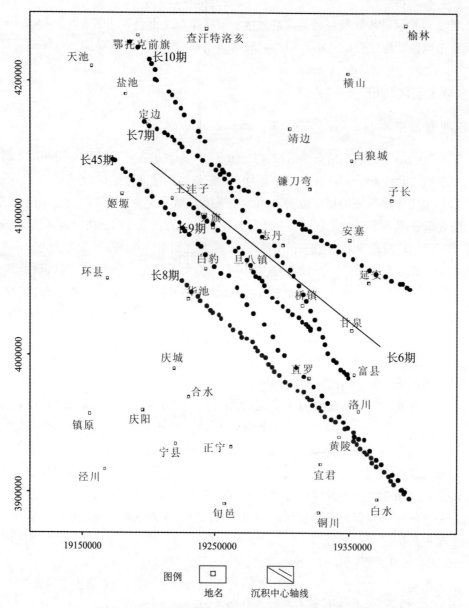

图 1-17　长 10 期—长 45 期主沉积中心（轴）带及其迁移规律图

　　长 10 期—长 7 期湖盆演化过程中，各图件可以反映相同的沉积中心（轴），但长 6 期之后，各图件反映的沉积中心（轴）带相互矛盾，因为长 45 期也是一次湖侵期，其泥岩厚度可以反映该期的沉积中心（轴）带。造成相互矛盾的原因主要是堆积厚度是现今残留的地层厚度，因盆地在早白垩世后地层抬升剥蚀，东南部地层剥蚀严重，因而用堆积厚度及堆积厚度计算的砂地比，不能准确反映当时沉积期的湖盆演化情况，推测长 6 期沉积中心（轴）带在长 45 期与长 7 期之间。

长 10 期—长 7 期湖盆演化过程表明，从长 10 期—长 8 期，主湖盆沉积中心（轴）带向西南迁移，向东南收缩，具有"逆时针旋转、向东南迁移"的特点，而长 8 期—长 7 期，主湖盆沉积中心（轴）带表现出向东北方向迁移，之后又向西南迁移的特点。

六、湖盆演化对砂体及油藏的影响

1. 湖盆迁移对砂体的纵向相互叠置、横向分布的影响

研究湖盆在形成和消亡期间沉积拗陷的迁移规律，其重要意义在于能认识各期砂体的纵向相互叠置、横向分布。

从近乎垂直沉积中心轴线的 4034—靖探 429 井岩性-地层对剖面图上看（图 1-18），长 9 沉积期末，4039—薛 41 井位于长 9 段残余厚度大的地区，即位于沉积中心轴带，4039—脚 108 井及陕 73—靖探 429 井位于相对隆起区。从岩性-地层对比图上可以看出，4039—薛 41 井区域发育有较厚的"李家畔"页岩，代表沉积中心区域，而在 4039—脚 108 井及陕 73—靖探 429 井则不发育李家畔页岩，在长 9 段残余厚度图上看也非沉积中心部位。

同理，结合 4034—靖探 429 井岩性-地层对剖面和长 7 段地层残余厚度图，可以分析长 7 段"张家滩"页岩的主分布区带，从岩性-地层对比剖面可以看出，4034—靖探 429 井岩性-地层对剖面近于垂直穿过定边—延安一线的长 7 段沉积拗陷轴带，永金 630—薛 41 井位于长 7 段沉积拗陷带内，岩性-地层对比剖面显示该范围内长 7 段"张家滩"页岩厚度大，从另一角度证实该带为沉积拗陷带。4034—脚 108 井较远离上述沉积拗陷轴带而较靠近规模较小的华池—直罗一线的长 7 段沉积拗陷轴带，"张家滩"页岩相对较薄，而陕 73—靖探 429 井一线，长 7 段残余厚度图显示不在沉积拗陷轴带内，因而不发育"张家滩"页岩。同时，长 7 段残余厚度图表明，盆地内部定边—延安一线为主沉积拗陷轴带，在该带的西南方向，近平行于定边—延安一线依次发育 2 个规模较小的次级沉积拗陷带。

长 9 段地层沉积末期，沉积中心轴向近平行于长 10 段地层沉积中心轴向西南方向平移，所以过薛 41 井、脚 108 井并且近平行吴起—桥镇连线间的广大区域，是来自西南物源（该区域长 9 段砂体可能来自于东北物源，值得证实）长 9 段砂体发育区。据此推测，姬塬—旬邑连线两侧的广大区域，也是来自西南物源的长 9 段砂体沉积区。

通过上面的分析手段，应用长 9 段残余厚度图研究沉积拗陷中心轴线，结合岩性-地层对比剖面，可以预测出长 9 段沉积砂体的沉积发育地区，单从储层角度一项，就大大缩小了长 9 段勘探区域的"靶区"。

2. 湖盆凹凸构造面貌对油藏分布影响

仅以长 8 段堆积（沉积）厚度与油藏分布为例说明。

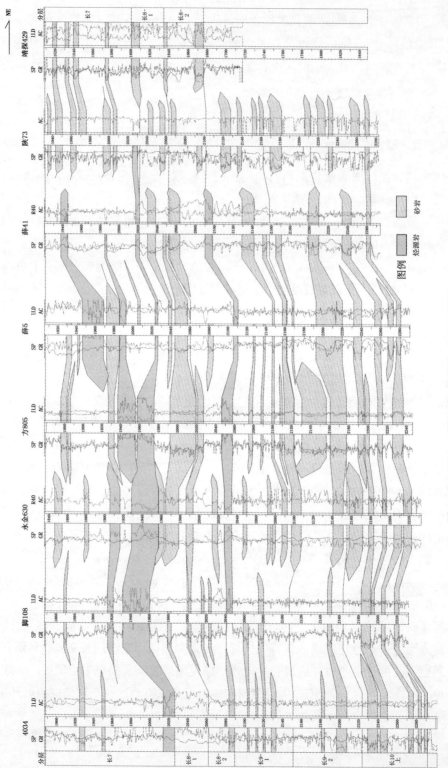

图 1-18　4034—靖探 429 井岩性-地层对比剖面

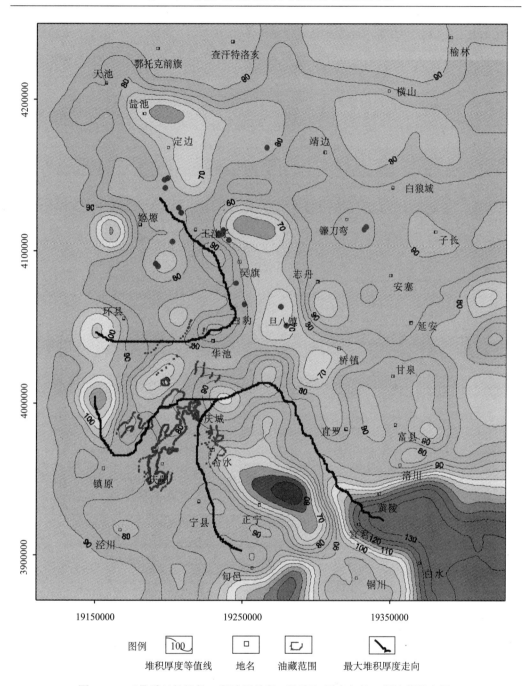

图 1-19 三叠系延长组长 8 段地层堆积（沉积）厚度与长 8 期油藏叠合图

图例 [100] 堆积厚度等值线　□ 地名　🝰 油藏范围　🝰 最大堆积厚度走向

长 8 段地层厚度图表明，沿地层堆积（沉积）厚度最大处的连线（厚度脊线）两侧，分布着目前发现的长 8 期油藏的绝大部分。这就说明长 8 期油藏主要分布在长 8 段底面凸起构造位置的两侧，该底面凸起构造现象的存在，对于长 8 段储层的形成非常重要（王英民等，2002；刘豪等，2004；李凤杰等，2004a；傅强和李益，2010）。

堆积（沉积）厚度揭示的凸起构造就是沉积坡折带（王英民等，2002），鄂尔多斯盆地新近的勘探实践证实，坡折带对非构造圈闭的发育具有明显的控制作用（傅强等，2008；李树同等，2008），其控制作用体现在优质储层的形成上，坡折带附近主要发育水下分流河道微相，偶尔也发育河口坝沉积微相，并且控制着沉积微相的分布及组合规律。勘探成果表明，三叠系延长组油藏主要聚集在三角洲前缘分流河道、河口坝、平原分流河道及深湖-半深湖区的浊积砂体之中（杨华等，2007）。

正因为底面凸起即（沉积）坡折带的存在，为长 10—长 3 沉积期浊积岩的形成创造了必要的湖盆底形条件（李相博等，2010）。

系统的各期沉积时期湖盆底面凹凸构造面貌特征，对于识别（沉积）坡折带，进一步寻找优质储层，指明勘探区块，势必有一定的指导意义（图 1-19）。

第二章　沉降史恢复及揭示的各层底面凹凸构造面貌

虽然大家都知道沉降中心的演变规律决定沉积中心，但对沉积中心的研究大都是应用沉积中心的演变规律佐证沉降中心的。理应是首先明确盆地的沉降中心及其演变规律后，才能准确地把握沉积中心及其演变规律，进一步研究构造对沉积的控制、沉积对油气成藏的影响等。

一、湖盆底面凹凸构造恢复方法及手段

要想定量化地研究湖盆底面的特征及其演化规律，必须对盆地的沉降历史进行定量化计算。

关于盆地沉降历史的定量化计算，其原理已经阐述了很多（龚再升等，1997；郭秋麟等，1998；石广仁，1999；王鸿祯等，2000；高红芳等，2007；郑和荣等，2007）。这些原理因具有定量化特征，而被广泛应用。

1. 地层埋藏史（沉降史）恢复计算公式

要解释油气的运聚过程，必须从动态的、历史演化的角度恢复古流体动力。应对古高程、古流体压力、古流体密度等组合因素进行恢复，在尽可能多的实测、分析资料（如包裹体得出的特定时期的古温度、古压力等）的基础上，利用盆地模拟技术提供一套比较符合实际地质演化的数据，并由此计算出不同层位在不同地质时期的流体势，从而有利于进行油气运聚成藏过程的历史分析和研究。

古高程的计算包含两部分的含义：一是计算地层的古埋深；二是确定古海平面。前者可通过埋藏史模型进行恢复，而后者一般根据类比或根据沉积物沉积时的水面（海洋、湖泊、河流）进行近似处理。

关于古海平面的确定，本书应用 Hap 等（1987）的海平面升降曲线来确定，然后把此海平面升降曲线与地层年代联系起来（Hedberg，1979）。

埋藏史（沉降史）的恢复要考虑压实校正、有效应力（上覆载荷）、地温、剥蚀厚度、岩性分布等内容。

1）压实厚度校正

所谓压实校正，就是要恢复出不同地质历史时期沉积物被压实掉的那部分厚度。由于沉积物特别是细粒沉积物的孔隙度与深度之间保持着指数关系：

$$\phi = \phi_0 \cdot \mathrm{e}^{-c \cdot Z} \qquad (2\text{-}1)$$

式中，ϕ 和 ϕ_0 分别为埋深为 Z 和地表处的孔隙度；c 为压实系数。而沉积物一般可近似分为两部分，即岩石颗粒骨架和孔隙。岩石在地质历史过程中经受压实作用时，岩石体积的变化主要表现为孔隙体积的变化，又因颗粒骨架的不可压缩性，压实前后颗粒骨架部分的体积可基本认为是恒定的。如果岩石面积一定，即可用岩石厚度的变化来表示体积的这种变化，从而有

$$\int_{Z_N}^{N_N+T_N} [1-\phi(z)] \cdot \mathrm{d}z = \int_{Z_t}^{Z_t+T_t} [1-\phi(z)] \cdot \mathrm{d}z \qquad (2\text{-}2)$$

式中，Z_t 为某一地层在 t 时刻的顶界埋深；Z_N 为某一地层现今的顶界埋深；T_t 为某一地层在 t 时刻的地层厚度；T_N 为某一地层现今的地层厚度；$\phi(z)$ 为埋深为 z 时的孔隙度。

将式（2-1）代入式（2-2），得

$$T_t = \frac{\phi_0}{c} \cdot \mathrm{e}^{-cZ_t} \cdot (1-\mathrm{e}^{-cT_t}) + T_N - \frac{\phi_0}{c} \cdot \mathrm{e}^{-cZ_N} \cdot (1-\mathrm{e}^{-cT_N}) \qquad (2\text{-}3)$$

式（2-3）为一超越方程，可用数学迭代法求出 T_t 和 Z_t 的近似解。正演法的恢复步骤是，先将地层恢复到刚沉积时的状态，然后依次求出不同地质历史时期该地层的埋深和厚度，根据计算出的最后一个时间步长（现今）与目前的真实厚度、埋深间的误差去修正前些时期的计算。式（2-3）是针对正常压实情况建立的，当地层出现超压，而这种超压又非单纯靠压实作用形成时，实际上这时的地层厚度与孔隙度、压力、温度等多个因素相互依赖。因此出现这种情况时，需将超压模型与压实模型综合考虑、求解。

2）上覆载荷方程

$$S = \rho_b \cdot g \cdot z \qquad (2\text{-}4)$$

式中，ρ_b 为某一地层的上覆岩石平均密度；z 为某一地层的埋深。

3）地温（热史）方程

$$T_t = T_{0t} + G_t \cdot Z \qquad (2\text{-}5)$$

式中，t 为时间；T_{0t} 为 t 时刻的地表温度；T_t 为 t 时刻 Z 深度处的地温；G_t 为 t 时刻地温梯度。而

$$T_{0t} = T_0(1 + \alpha_1 t + \alpha_2 t^2 + \alpha_3 t^3) \qquad (2\text{-}6)$$

$$G_t = G_0(1 + \beta_1 t + \beta_2 t^2 + \beta_3 t^3) \qquad (2\text{-}7)$$

式中，T_0、G_0 分别为地表温度和现今地温梯度；α_1、α_2、α_3、β_1、β_2、β_3 为一系列统计常数。

4）孔隙度-渗透率关系

$$k = \lambda \cdot \phi^a \qquad (2\text{-}8)$$

式中，k 为渗透率；λ、a 为与岩性有关的常数。

2. 地质历史时期异常压力的计算

古压力的恢复和计算可根据压力孕育史模型进行。

从异常压力的成因机制出发，依据 4 个基本前提：①压实过程中岩石的颗粒骨架不可压，孔隙流体可压；②流体在孔隙介质中的流动为线性渗流，服从达西定律；③流体流动中质量守恒；④水力裂缝方法可使泥岩中过高的压力得以释放、降低。地层流体压力可表示为

$$(\phi \cdot \beta_f + \beta_s) \cdot \frac{\mathrm{d}p}{\mathrm{d}t} = \frac{1}{\rho_f} \cdot \mathrm{div}\left[\frac{k \cdot \rho_f}{\mu_f}(\mathrm{grad}\ \boldsymbol{p} - \rho_f \cdot \boldsymbol{g})\right] + \beta_s \cdot \frac{\mathrm{d}S}{\mathrm{d}t} + \alpha_f \cdot \phi \cdot \frac{\mathrm{d}T}{\mathrm{d}t} + q_f \qquad (2\text{-}9)$$

式中，β_s 和 β_f 分别为岩石和流体的压缩系数；ρ_f 和 μ_f 分别为流体的密度和动力学黏度；p 为流体压力；S 为上覆总负荷；α_f 为流体的热膨胀系数；T 为温度；q_f 为单位体积内流体的体积增长率；t 为时间。式（2-9）中各项的物理意义是：左端表示沉积物通过控制体（元）时流体随时间的变化，右端四项分别表示孔隙流体流动、总负荷（压力）、温度和新生体源对压力形成的影响。它反映了流体压力随时间的变化，因此可用来计算流体压力并恢复其演化历史。

当流体压力孕育到一定程度，可通过水力裂缝的方式释放，水力裂缝的压力界限可用下式表达：

$$P_{\mathrm{lm}} = \rho_f \cdot \boldsymbol{g} \cdot Z + \xi \cdot (S - \rho_f \cdot \boldsymbol{g} \cdot Z) \qquad (2\text{-}10)$$

式中，P_{lm} 为水力裂缝形成时的压力界限，当压力大于或等于此值时，即可形成水力裂隙；ξ 为水力裂缝系数，依岩性不同，取 0.8~1.0。

式（2-1）~式（2-9），联合计算，可得到各地质历史时期的地层埋藏史（沉降史），以及地层的异常压力演化历史。

本书只考虑早白垩世末期，即最大埋深时期的异常地层压力，此压力通过泥岩声波时差计算得到。

3. 恢复中涉及的其他参数

1）孔隙度-深度关系及孔隙度-渗透率关系

该关系通过统计盆地的实测资料获取，通过数理统计分析，分别得出了研究区砂岩、泥岩的孔隙度-深度关系及孔隙度-渗透率关系。

2）地下沉积物的密度

地下沉积物可分为颗粒骨架和孔隙流体，按照串联定理，岩石密度可表示为

$$\rho_f = \rho_w \cdot \phi + (1-\phi) \cdot \rho_r \tag{2-11}$$

式中，ρ_f、ρ_w、ρ_r 分别为沉积物、地下水和颗粒骨架密度。统计表明本地区地层水密度可取为 1000kg/m³，而砂岩、泥岩的骨架密度分别取 2680kg/m³、2720kg/m³。若考虑到孔隙度是深度的函数，则

式（2-11）应改写为

$$\rho_s = \int_0^Z \{\rho_w \cdot \phi(Z) + [1-\phi(Z)] \cdot \rho_r\} \cdot dZ \tag{2-12}$$

3）古温度参数

一般说来，地层温度（T）可由式（2-6）计算，在缺乏资料的情况下，可用地表温度（10℃）来替代。古地温可由古地温梯度计算，而古地温梯度可用式（2-7）计算。古地温梯度取值见表 2-1。

表 2-1　盆地古地温梯度（任战利，1996）

构造单元	代表井	地温梯度/（℃/100m）
晋西挠褶带	蒲 1、ZK301	4.00
伊陕斜坡东部	牛 1、陕参 1、铺 2、揄 3	4.02
伊陕斜坡南部	庆 1、剖 36、剖 8	4.06
天环向斜	布 1、天 1、李 1、天深 1	3.68
西缘逆冲带	图东 1、苦深 1、环 14、色 1	4.09
清北隆起	永参 1、新耀 1	＞5

4. 本次地层埋藏史（沉降史）恢复的手段

本书在系统的基础地质分析前提下，利用法国石油研究院的 Temis Suite 软件进行沉降历史恢复，即恢复基底相对海平面的垂向运动演化历史。本书是把长 10 段地层底视为"基底"，恢复各地层在地质历史时期的海拔。

二、剥蚀厚度恢复及剥离

1. 剥蚀厚度恢复

在沉积盆地中，连续沉积是最主要的一种地质事件，但抬升剥蚀也是经常发生的。它们对沉积埋藏史有直接的影响，对已有的压力场、温度场、水动力场等将带来明显

影响。因此，确定沉积间断的起止时间、剥蚀期的绝对年龄与被剥蚀掉的地层厚度是十分关键的。目前剥蚀量的计算和剥蚀期的确定，通常采用多种方法进行综合、对比，从而得出一个相对可靠的数量范围。

1）镜质体反射率法

镜质体反射率反映的是有机质在整个受热地质历史中的最大古地温信息，具有不可逆性，在正常地质背景下，烃源岩成熟度受控于温度和有效加热时间，而主要受古地温场的控制，即它是地温梯度与沉积速率的函数，对连续沉积的地层，镜质体反射率（R_o）与埋深（H）在半对数直角坐标系中为线性相关关系（表2-2），所以，在地层欠补偿的情况下，即间断面之下的热史记录没有被再沉积地层破坏而保留原来记录的情况下，可以利用 R_o 资料恢复地层剥蚀厚度。然而，在有热异常（岩浆体侵入、火山活动等）的地质背景下，利用 R_o 资料恢复地层剥蚀厚度前，必须剔除由于热异常使 R_o 受到影响而偏离正常趋势线的点。

表2-2　鄂尔多斯盆地部分探井 R_o-H 回归方程

井号	方程	相关系数	剥蚀厚度/m	斜率/10^{-4}
牛1	$\ln R_o = 0.0004701731179H - 0.740920283$	0.983246	1847.2	4.702
陕参1	$\ln R_o = 0.0004204808833H - 0.8763603177$	0.956785	1743.4	4.205
陕56	$\ln R_o = 0.0005157889679H - 1.078138755$	0.976397	1030.1	5.158
惠探1	$\ln R_o = 0.0003581488007H - 1.043619962$	0.90982	1579.8	3.581
乐1	$\ln R_o = 0.0005492735123H - 1.002654113$	0.872298	1104.7	5.493
苦深1	$\ln R_o = 0.0003983446187H - 1.204434861$	0.923883	1016.7	3.983
天1	$\ln R_o = 0.0004913635452H - 1.426980881$	0.734101	371.3	4.914
布1	$\ln R_o = 0.0004438217044H - 1.399231984$	0.903202	473.6	4.438

鄂尔多斯盆地在早古生代—中生代早期地温梯度一直下降，中生代晚期急剧增高，新生代又发生回落。鄂尔多斯盆地在中生代晚期存在一期构造热事件，构造热事件不是由埋藏引起，而是与隐伏岩浆的侵入有关（屈红军等，2010）。苦深 1 井 R_o 与 H 关系曲线[图 2-1（c）]表明，在 J-T 和 O-C 不整合面附近 R_o 发生突变，甚至出现上高下低的反常现象，O-C 不整合面附近的异常范围达 568m，从 R_o-H 曲线形态看，结合上述分析，不整合面上、下构造层中 R_o 随深度的"跳跃"，主要是由热事件引起的。

大量的 R_o 与 H 关系曲线表明，热异常在盆地不同地区、不同层位，其异常大小不同，据此，可把盆地 R_o 与 H 在半对数直角坐标系中的关系分为 3 类（图 2-1）。

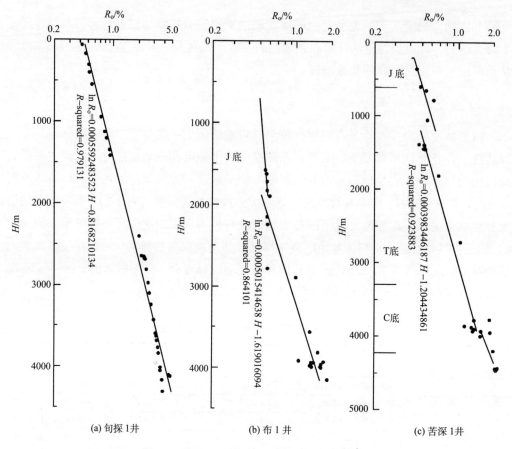

图 2-1　镜质体反射率与深度（R_o-H）剖面图

在恢复地层剥蚀厚度时，对于（2）种情况［图（2-1）（b）］，可以剔除上覆地层受热异常影响的 R_o 数据点，利用下段的 R_o 与 H 线性关系恢复地层的剥蚀厚度；对于（3）种情况［图 2-1（c）］，可以剔除上覆和底部地层受热异常影响的 R_o 数据点，取中间段的 R_o 与 H 线性关系恢复地层的剥蚀厚度；对于（1）种情况，则可以直接利用所有 R_o 数据点恢复剥蚀厚度。采取上述方法，是为了满足在正常地质背景下 R_o 与 H 的关系。从缺失的地层看，鄂尔多斯盆地的剥蚀，一次发生在中生代早-中侏罗纪之后，早白垩纪之前，孤 1 井第四系直接覆盖在三叠系延长组之上，苦深 1 井新近系直接覆盖在侏罗系直罗组之上。另一次发生在早白垩世志丹群沉积之后，如胜 1 井第四系直接覆盖在白垩系志丹组之上。

在恢复地层的剥蚀厚度时，取地表 R_o 为 0.2%，根据曲线上延部分与 R_o 为 0.2%时的交点位置来判断上覆地层的剥蚀和补偿情况，若交点位置位于横坐标上 R_o 为 0.2%之上，则说明地层在遭受剥蚀后仍处于欠补偿状态，该交点到横坐标的距离为地层最小剥蚀厚度，该方法已被广泛使用。盆地大量的 R_o-H 曲线表明，中生代地层曾被剥蚀，现在仍处于欠补偿状态下，应用 R_o 法恢复的剥蚀厚度应为两期总的剥蚀量，即中生代地层的剥蚀厚度。 依据 $\ln R_o$-H 回归方程，恢复的剥蚀厚度分布规律表明，剥蚀厚度变化规律具有盆地东部剥蚀厚度大的特点，在 1400～2200m，且东南部剥蚀厚度大于东北部。西部剥蚀厚度小；在 400～1000m,其中西部的天环向斜剥蚀厚度最小，一般小于 600m（图 2-2）。

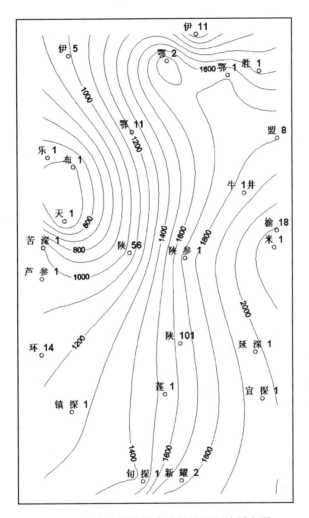

图 2-2　鄂尔多斯盆地中生代地层剥蚀厚度图

2）泥岩声波时差法

通过对现有声波时差数据的统计拟合可以建立一条标准指数曲线，而这条曲线上各点所对应的埋藏深度值与现有深度的差值就是所经历的剥蚀量。

基本方法原理：不整合面以下泥岩的压实趋势线上延至 Δt_0 处即为古地表，古地表与不整合面之间的距离即为剥蚀厚度（图 2-3）。

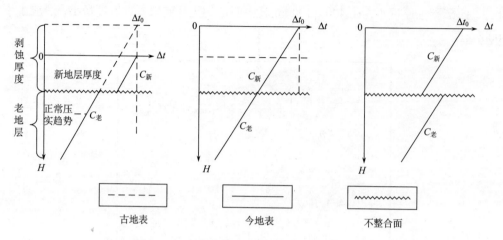

图 2-3　泥岩声波时差法恢复地层剥蚀厚度原理

2. 剥蚀厚度"分离"

因为不管用声波时差法还是用镜质体反射率法，恢复的剥蚀厚度是地层总的剥蚀厚度，需要对总剥蚀厚度进行"分离"，把总的剥蚀厚度分别"分配"给剥蚀掉的各个小层。"分离"的方法是应用"地层趋势面对比分析法"。

盆地声波资料数据量多，应用镜质体反射率法恢复剥蚀厚度的结果对应用声波时差恢复的结果进行校正，本书采用声波时差恢复结果。剥蚀厚度恢复显示（图 2-4），晚白垩世地层抬升剥蚀后，盆地东南地区剥蚀量最大，在子长—延安—正宁一线剥蚀量达 1100m 以上，洛川—黄陵—宜君一线东南地区，剥蚀量达 2000m 左右。盆地西北地区剥蚀量最小，在盐池—环县一线地区，剥蚀量为 300~400m。

三、底面凹凸构造面貌

1. 长 10 期底面凹凸构造面貌格局

长 10 期底面构造表现为"多凹陷区，整体呈两条近南北向凹陷带，盆地东西两侧及中部局部地区为凸起带"的凹凸面貌格局。盆地东部凹陷带在横山—靖边—富县一线，凹陷幅度为 100~140m。西部凹陷带在庆城—旬邑一线的沉积拗陷带，凹陷幅度在盆地南部相对较大，最大超过 200m（图 2-5）。

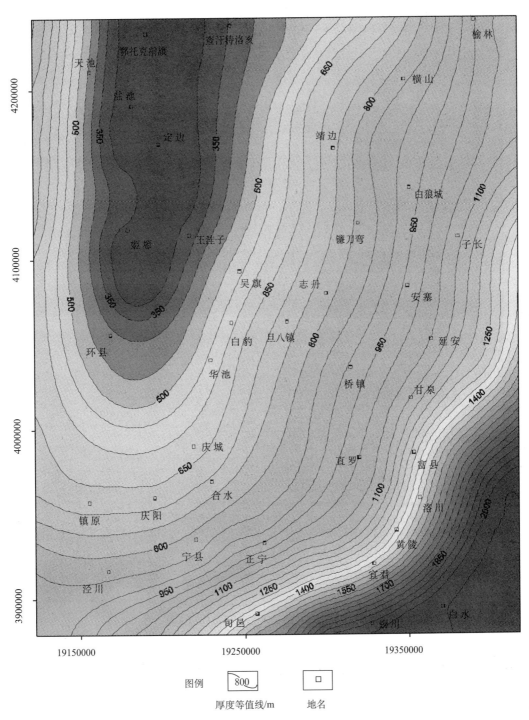

图 2-4 泥岩声波时差法恢复的鄂尔多斯盆地地层剥蚀厚度

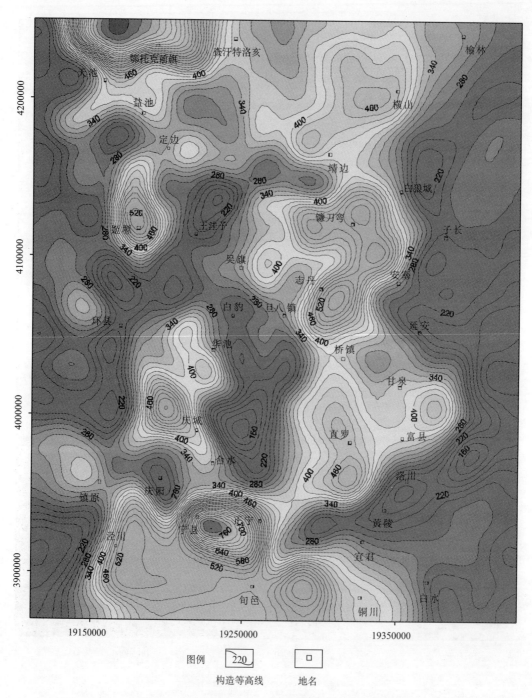

图 2-5　三叠系延长组长 10 期底面凹凸构造面貌格局

2. 长9期底面凹凸构造面貌格局

长9期底面构造整体表现为从盆地东北到南部"一左半括号形状凹陷带贯穿盆地，东西两侧为凸起区"的凹凸面貌格局。贯穿盆地的凹陷带在横山—靖边—吴旗—华池—庆城—合水—正宁—旬邑—铜川一线，呈"左半括号状"，盆地东部白狼城—镰刀弯—白豹—黄陵—白水一线之东地区、定边—姬塬—环县—镇原—泾川一线之西地区为相对凸起区。与长10期相比，长10期在盆地东部的凹陷带，到长9期在盆地中东部就已经演变为凸起区（图2-6）。

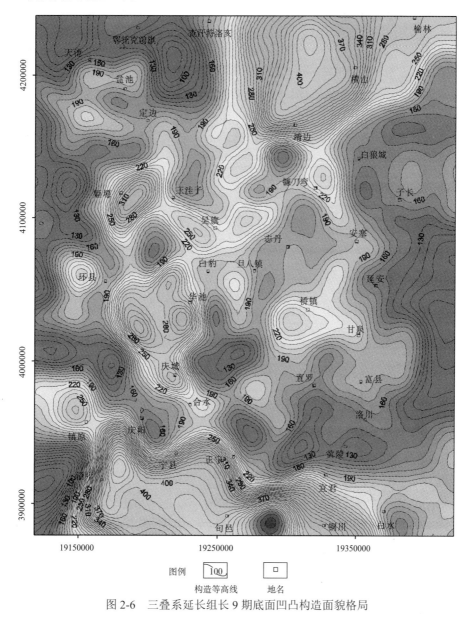

图2-6　三叠系延长组长9期底面凹凸构造面貌格局

3. 长 8 期底面凹凸构造面貌格局

长 8 期底面凹凸构造面貌格局特征相对长 9 期变化较大，整体表现为"椭圆环状形"区带在盆地北部呈北东-南西向展布，凹陷区带面积相对长 9 期变大。该椭圆环状形"区带分布在横山—定边—环县—庆阳—合水—志丹—镰刀弯—靖边一线，"椭圆环状形"区带之内的王洼子—白豹—华池—庆城—旦八镇地区为相对凸起区，同时，"椭圆环状形"区带之外地区也呈现相对凸起的构造特征（图 2-7）。

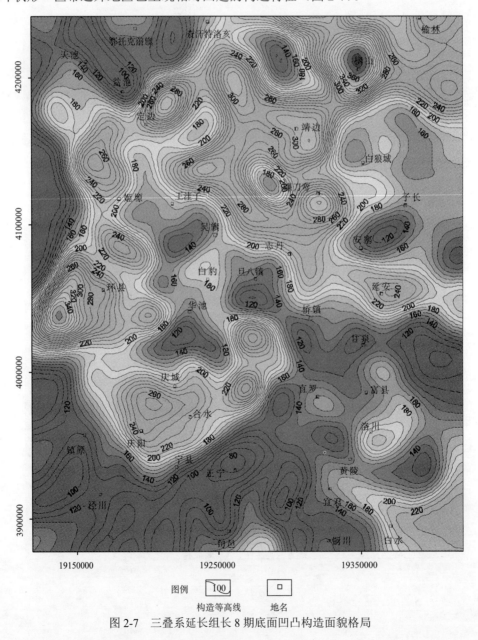

图 2-7　三叠系延长组长 8 期底面凹凸构造面貌格局

4. 长 7 期底面凹凸构造面貌格局

　　长 7 期底面凹凸构造面貌格局特征相对长 8 期特征鲜明，整体表现为盆地大部分地区为相对凹陷区、局部地区出现凸起的底面凹凸构造面貌格局。其中，在定边—志丹—靖边西南一线地区凹陷最深，盆地中西部在姬塬—环县—庆城—华池—白豹—吴旗一线发育一小的近环状凸起区带，同时，在桥镇—安塞一线也发育一面积较小的凸起区，盆地除东北部四周皆呈现凸起构造面貌格局（图 2-8）。

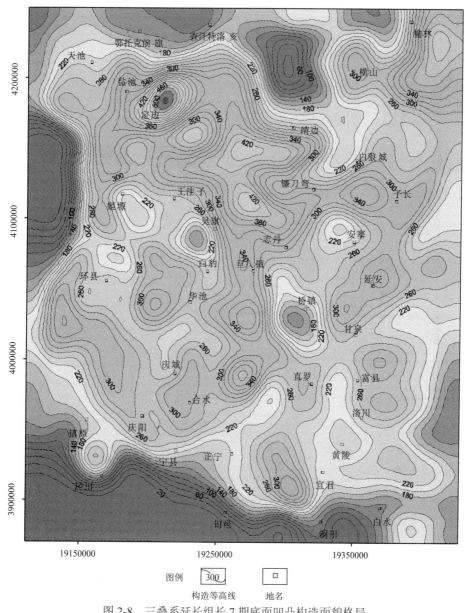

图 2-8　三叠系延长组长 7 期底面凹凸构造面貌格局

5. 长 6 期底面凹凸构造面貌格局

长 6 期底面凹凸构造面貌格局特征相对长 7 期特征又变化明显，整体上表现为一较大的北西-南东向主凸起区带，该主凸起带两侧分别向东北和西南发育一较小的次凸起区。主凸起区带分布在盐池—吴旗—直罗—黄陵一线地区，东北和西南次凸起带分别发育在榆林—延安和环县—庆阳地区。在该主凸起带和西南次凸起带间的姬塬—庆城—镇原—旬邑一线地区为凹陷区带，同时在东北部的横山—靖边—镰刀弯一线地区也为面积相对较小的凹陷区带（图 2-9）。

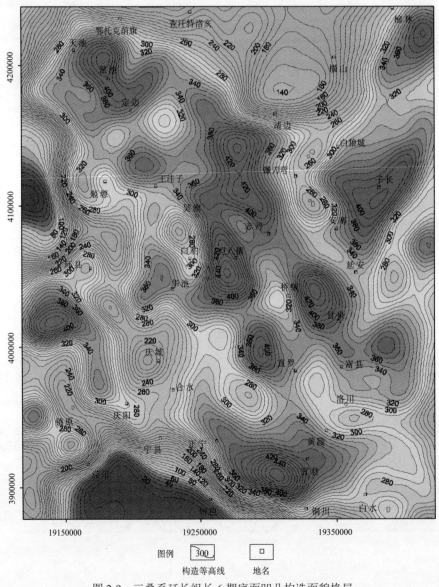

图 2-9　三叠系延长组长 6 期底面凹凸构造面貌格局

6. 长4+5期底面凹凸构造面貌格局

长4+5期底面凹凸构造面貌格局特征相对长6期特征演化明显，整体上表现为一较大的北西-南东向主凹陷区带，该主凹陷带两侧分别发育近北西—南东向的凸起区，明显表现为"三凹两凸、相间分布，依次从西南向东北呈近北西—南东向展布"的底面凹凸构造面貌格局。该期的主凹陷带分布在姬塬—吴旗—白豹—桥镇—直罗—黄陵—白水一线地区，而在环县—庆城—合水—宁县—旬邑一线和定边—靖边—子长一线地区为凸起区带（图2-10）。

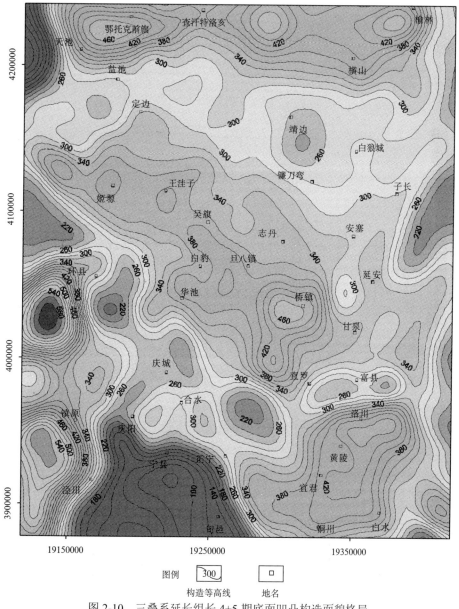

图2-10　三叠系延长组长4+5期底面凹凸构造面貌格局

7. 长 3 期底面凹凸构造面貌格局

　　长 3 期底面凹凸构造面貌格局特征相对长 4+5 期，构造面貌格局特征整体一致，具有继承性，该期在盆地西南部环县—庆阳—宁县—旬邑一线地区的凸起面貌格局仍然很明显地存在，而长 4+5 期较大的北西-南东向主凹陷区带在长 3 期面积明显变大，凹陷深度变小，同时，长 4+5 期该主凹陷带东北侧的北西—南东向凸起区，在长 3 期面积也变大（图 2-11）。

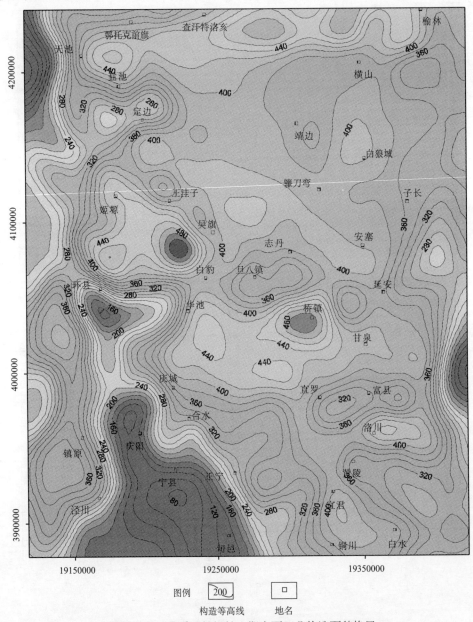

图 2-11　三叠系延长组长 3 期底面凹凸构造面貌格局

四、凹陷中心及其迁移

本次恢复出来的各期底面凹凸构造面貌特征，其本质就是各期底面构造沉降史特征。系统考察各期底面凹凸构造面貌及其演化特征，认为整个延长期，在盆地中部和南部分别发育一沉降中心，中部各期沉降中心轴线在定边—甘泉一线左右来回迁移，而西南部各期沉降中心轴线在环县—旬邑一线左右来回迁移，长 7 期湖盆是中、西南部两个湖盆合二为一的时期（图 2-12）。

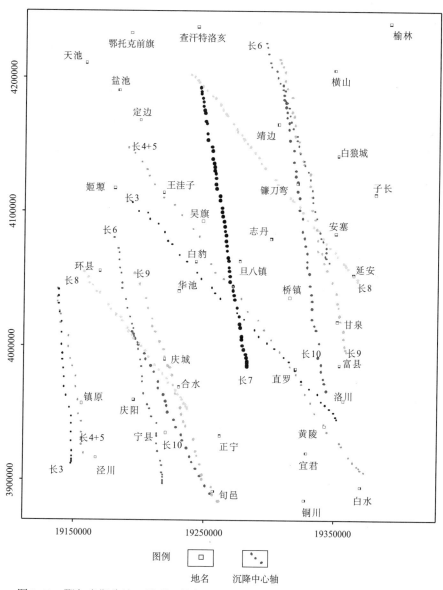

图 2-12 鄂尔多斯盆地三叠系延长组不同沉积时期沉降中心（轴）及其迁移特征

对于盆地中部湖盆拗陷，长 10 期—长 9 期湖盆沉降中心轴一致，到长 8 期，沉降中心轴逆时针旋转，向北迁移，长 7 期后沉降中心轴迁移至盆地中部，呈北东-南西向展布，之后长 6 期向东北方向迁移，最后到长 4+5 期乃至长 3 期，沉降中心轴线又逆时针旋转迁移至盆地中部。

对于盆地西南部湖盆拗陷，各期沉降中心整体上围绕环县—旬邑一线左右迁移幅度相对较小，各期沉降中心轴迁移规律差别仅在长 8 期到长 7 期演化之间，西南部沉降中心轴向东北迁移至盆地中部，而中部湖盆拗陷向西南迁移，长 7 期整个盆地演变为一个湖盆。

五、沉降中心与沉积中心的关系

本节把地层堆积厚度揭示的湖盆隆拗格局中拗陷区，叫"沉积拗陷区"，把沉降作用揭示的湖盆隆拗格局中拗陷区，叫"沉降拗陷区"。

第一章主要通过地层厚度、泥岩厚度及砂地比研究了各期的沉积中心。前人关于盆地沉降中心的研究，几乎都是依据沉积中心的研究，反推盆地沉降中心，没有对盆地沉降做系统的研究。

然而沉降作用是沉积盆地的生命线，沉降中心的形成和变化，制约着沉积或堆积中心的分布和迁移（刘池洋等，2005）。

研究堆积、沉积和沉降的分布、演变及其相互关系具有重要的盆地动力学和油气地质意义。盆地沉积中心迁移与盆地周缘区域构造运动、盆地或拗陷主边界断层活动的性质和特征，以及沉积物源等因素有密切的联系，明显受沉降中心的控制。而沉降中心本身就是热力和构造作用的直接反映，所以，盆地沉积中心迁移在盆地动力学及其演化、盆地发育的区域构造背景、盆山系统动力学等重大地质问题的研究中有重要的意义。盆地的沉降造就了沉积物堆积的可容空间，沉降速率与海（湖）平面相对变化速率等影响着生油岩相带与储集岩相带的发育，与沉积物供给速率等一起制约了生油岩与储集岩的优劣。盆地的持续沉降使生油岩逐步埋藏从而进入生油门限，盆地的热体制决定了生油门限的大小，盆地的差异沉降与局部隆升或遭受挤压等引起沉积相带分异与圈闭等的形成（王宜林等，1997）。

另外，应用地层厚度法研究沉积中心时，理想的情况下是地层没有经过剥蚀，但鄂尔多斯盆地长 4+5 段—长 1 段地层在盆地东部剥蚀严重，有的地方局部剥蚀到了长 7 段地层。

依据定量化恢复出的各期沉降历史，结合地层厚度图等，研究沉积中心更为准确。

（1）长 10 期—长 9 期，盆地具有两个规模相当的湖盆沉降凹陷区。

长 10 期盆地面貌、格局初步形成时，已经在盆地中东部及西南部形成两个湖盆凹陷。长 9 期湖盆快速下沉，与长 10 期相比，中东部和西南部湖盆面积相当，而西南部湖盆向北迁移，湖盆凹陷更陡峭，因为从长 9 期湖盆底面构造等值线看，西南部湖盆底面构造等值线较密集，而东南部构造等值线稀疏。

地层厚度法揭示的沉积中心显示，长 10 期沉积拗陷在中东部，长 9 期沉积凹陷在西南部最深，中东部呈现多个沉积凹陷带，其中之一是前人研究确认的"北西-南东"向沉积凹陷带。

本书在对盆地的泥岩压实规律研究中，发现盆地西南部，压实系数明显相对其他地区小，这也从另一角度说明了盆地西南部沉降凹陷中心的存在。

（2）长 8 期，2 个湖盆凹陷仍规模相当，且同时向北移动。在盆地北部地层厚度法揭示的沉积凹陷带不明显，但仍可以看出有 2 个地层厚度较大的带，对应 2 个沉积凹陷带。而长 8 期湖盆底面构造图，揭示有明显的东北、西南两个沉降凹陷区，地层厚度揭示的 2 个沉积拗陷带分别位于 2 个沉降凹陷带边缘，说明长 8 期沉积凹陷区与沉降凹陷区中心不一致。

（3）长 7 期，盆地主"沉积凹陷区"和"沉降凹陷区"基本一致。长 7 期湖盆发育达到了鼎盛时期，此期沉降中心与沉积中心一致。

（4）长 6 期，沉降凹陷区分别在盆地东北、西南部，长 6 段地层厚度揭示的沉积凹陷区整体位于盆地东、北部，沉积拗陷区与沉降凹陷区局部一致，而地层厚度完全没有揭示出盆地西南部沉积凹陷的存在，说明该期沉积中心与沉降中心整体上不一致，仅在盆地北部局部一致。

（5）钻井资料表明长 6 期及 4+5 期后盆地东南部地层剥蚀明显，应用小层残余地层厚度研究沉积中心已经丧失其准确性，在此不作小层一一对比。但长 2 段—长 6 段地层厚度所揭示的沉积中心特征，与长 4+5 期以后各期沉降史揭示的沉降中心，两者间有很好的"匹配"关系。长 4+5 期后到延长期沉积末期，沉降史表明盆地西南部明显为一继承性凸起区，而在长 2 段—长 6 段地层厚度图上，可以看出盆地西南部有一地层厚度较小区域，该地层厚度小值区域在环县—合水—正宁—泾川—镇原一线地区（图 2-13）。

另外，本书分别做出长 10 期—长 8 期（湖盆形成时期）和长 7 期—长 3 期（湖盆从鼎盛到萎缩时期）及长 10 期—长 1 期的地层残余厚度和相应的沉降量。较大时间尺度范围内的沉积厚度，可以消除小层分层的"穿时"，且受人为因素等的影响，不能研究"阶段性演化"而只能考察总规律。

通过对应比较，认为湖盆形成阶段，盆地中东部沉降与沉积中心不一致，而在东南部一致；湖盆从鼎盛到消亡阶段，盆地沉降与沉积中心一致。长 10 期—长 1 期的地层残余厚度与整个延长组沉降量对比，表明湖盆从鼎盛到消亡阶段，盆地沉降与沉积中心基本一致（图 2-14～图 2-19）。

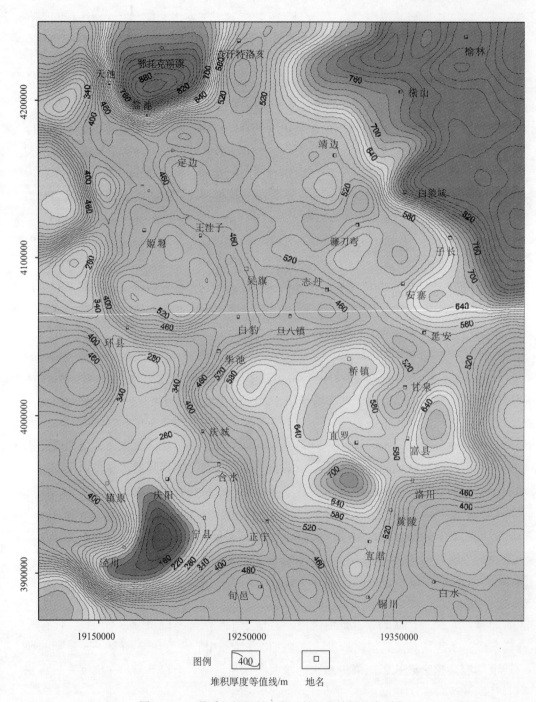

图 2-13 三叠系延长组长 2 段—长 6 段地层残余厚度

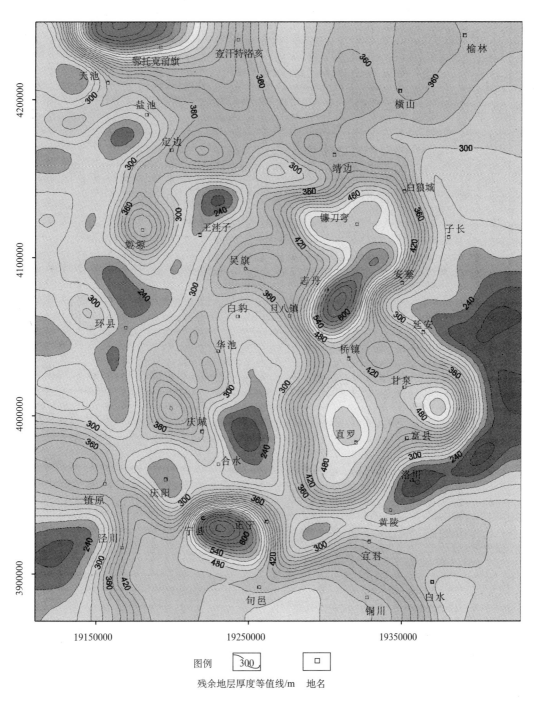

图 2-14　三叠系延长组（长 10 段—长 8 段）残余地层厚度

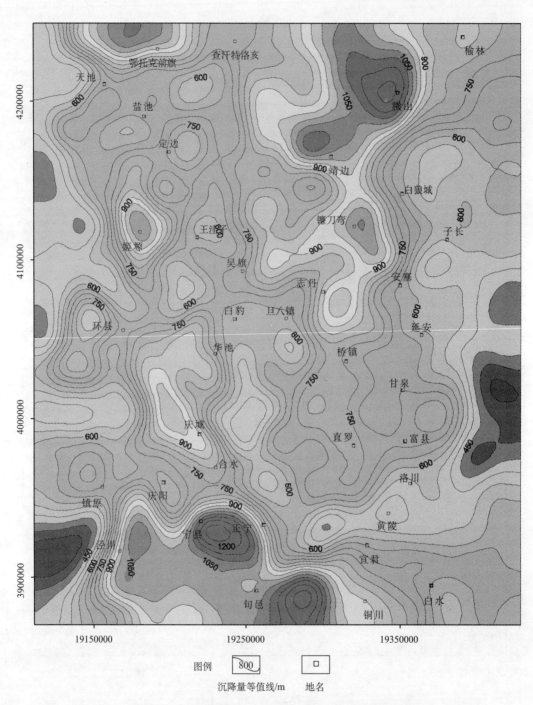

图 2-15　三叠系延长组（长 10 段—长 8 段）地层沉降量

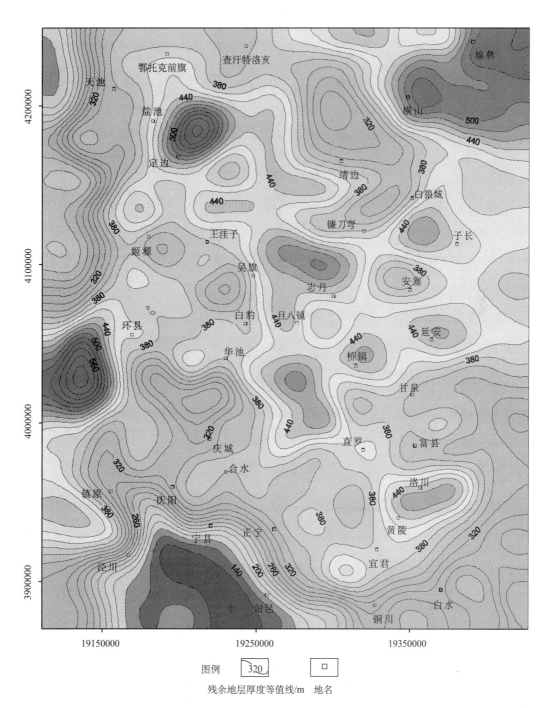

图例 320 □

残余地层厚度等值线/m 地名

图 2-16 三叠系延长组（长 7 段—长 3 段）残余地层厚度

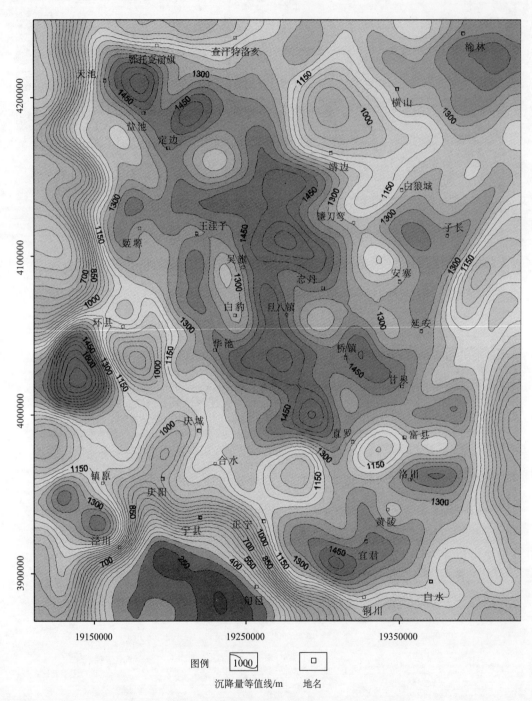

图例　　 1000 　　　 □

沉降量等值线/m　　　地名

图 2-17　三叠系延长组（长 7 段—长 3 段）地层沉降量

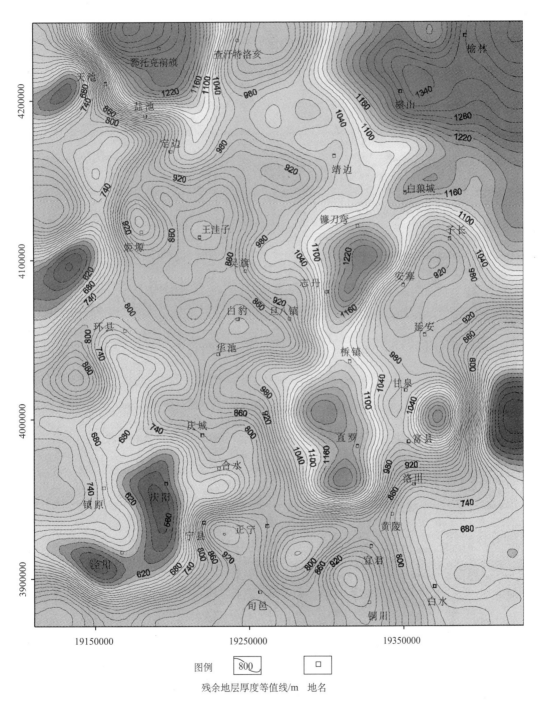

图例　800　　□

残余地层厚度等值线/m　　地名

图 2-18　三叠系延长组（长 10 段—长 1 段）残余地层厚度

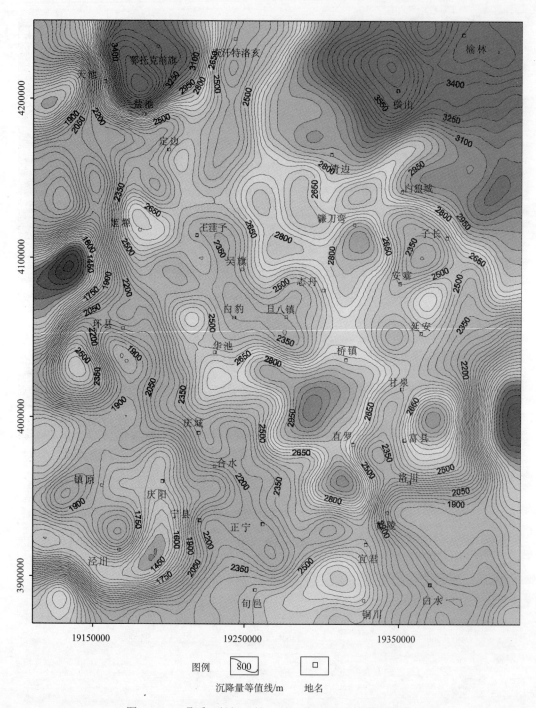

图 2-19　三叠系延长组（长 10 段—长 1 段）地层沉降量

第三章 生烃期后各含油层底面凹凸构造及其演化

研究湖盆底形隆坳分布、迁移演化特征，并且结合最新的油藏分布资料，分析湖盆底形及其演化特征对优质储层的形成、分布及保存条件的控制有重要意义。在晚白垩世末前，主要依据湖盆底形恢复结果分析砂体的成因、分布；晚白垩世末后，主要分析油藏的保存条件。研究生烃期后湖盆底形演化特征及其演化，其意义在于油藏后期保存条件情况。因为晚白垩世后，盆地地层抬升剥蚀，油气重新运移、聚集、调整，最终在有利的圈闭里聚集成藏。

鄂尔多斯盆地中生界生烃史研究表明三叠系延长组烃源岩在白垩纪早期已达到生烃门限，在早白垩世末期进入生油高峰期。此时，盆地内主要的岩性圈闭、构造-岩性复合圈闭已经形成，而西缘的构造圈闭在此之前（中侏罗世—早白垩世）也已经形成；成岩作用及孔隙演化史研究显示，该时期延长组、延安组底部砂岩进入大量次生溶孔的发育阶段，给油气储存创造了良好的空间；燕山中-晚期大量生烃后的一次区域性的构造运动给油气二次运移提供了动力来源，造成油气运聚成藏的高峰期。以上一系列地质事件均在同一时间相得益彰、良好配置，因此可以肯定中生界含油气系统只有一个关键时刻——早白垩世末最大埋深时期。后期喜马拉雅运动虽使盆地快速抬升剥蚀，并在周边相继形成一系列地堑系，构造活动强烈程度并不亚于燕山中晚期构造运动，但是其对于盆地整体影响来说，主要表现为整体的抬升，并未在盆地内部形成大型断裂体系，因而对于中生界低渗、特低渗储层来说，特别是延长组储集层流体仍基本上处于封闭环境，已形成油气藏可以很好地保存，因而喜马拉雅运动不会造成油气藏的大规模破坏和油气的重新分布，仅在局部地区对油气的分布进行一些调整。

一、生烃期后长 8 期底面凹凸构造面貌及其演化

1. 中侏罗世末长 8 期底面凹凸构造面貌

中侏罗世末长 8 期底面构造整体演化为"南高北低，东南高西北低"的构造格局，在盆地东南部有 3 个北西-南东方向展布的大型凸起带，其东南部和西南部凸起带大，中南部凸起带相对较小。西南部凸起带在环县—庆城—镇原—合水—正宁—旬邑一线地区，凸起高程差达 860m 以上；东南部凸起带在镰刀弯—安塞—子长及其东南区域，凸起高程差达 900m 以上；中南部凸起带在直罗—富县—洛川—黄陵及其东南地区，凸起高程差 300m 以上；盆地中、北西部大片地区为凹陷区，其间发育局部低幅度鼻状凸起（图 3-1）。

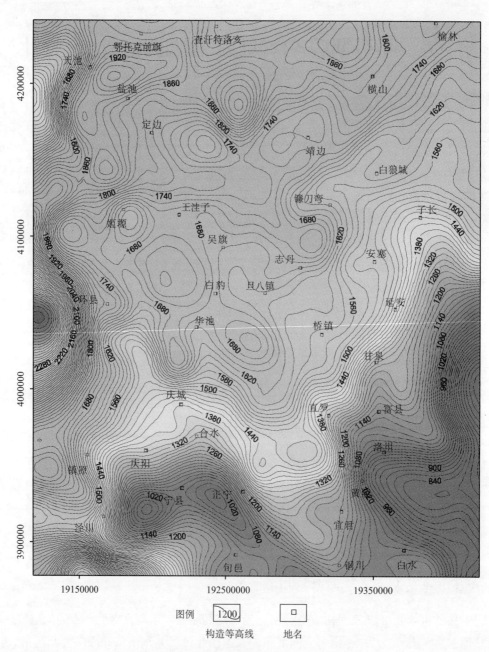

图 3-1　中侏罗世末长 8 期底面凹凸构造面貌格局

2. 早白垩世末长 8 期底面凹凸构造面貌

　　长 8 期底面构造在早白垩世末整体表现为"东北高西南低，东高西低"的构造格局，相对中侏罗世末长 8 期底面构造，明显发生了反转构造运动。整体上发育 4 个向盆地西北部收敛的凸起带，中南部 3 个凸起带呈近北西-南东向展布，北部呈近东西向展布。其中环县—庆城—合水—宁县—正宁—旬邑一线地区及盆地北部的定边—横山一线的凸起带面积最大，凸起高程差大于 300m，而王洼子—吴旗—旦八镇及直罗西北部的凸起规模相对较小，凸起高程差也达到 200m 左右。盆地东部及东南部两个凸起带间为凹陷带，其中凹陷大面积分布在盆地东部，呈南北向展布（图 3-2）。

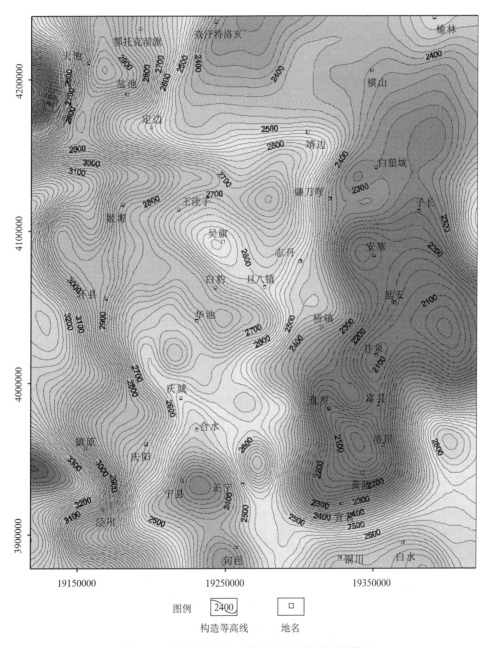

图 3-2 早白垩世末长 8 期底面凹凸构造面貌格局

3. 现今长 8 期底面凹凸构造面貌

现今长 8 期底面构造整体表现为规模较大的"一凸一凹"的底面构造格局，凸起带分布在盆地东南部白狼城—安塞—甘泉—富县—洛川—黄陵—白水一线的东部地区，凸起高程差达 700m 以上，盆地西部盐池—环县—镇原一线地区为凹陷区，在凹陷与凸起区间为构造相对平缓变化的斜坡带区域。另外，可以明显地看出，在整个斜坡背景上，局部较小凸起区相当发育，如定边东南地区、姬塬—吴旗地区及镇原—庆阳地区等（图 3-3）。

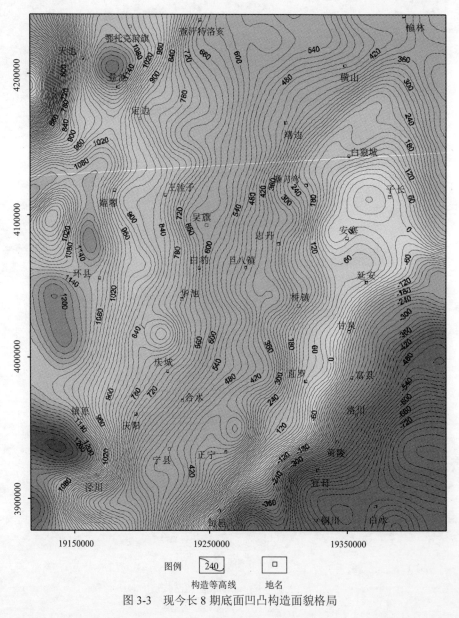

图例　构造等高线　地名

图 3-3　现今长 8 期底面凹凸构造面貌格局

二、生烃期后长 6 期底面凹凸构造面貌及其演化

1. 中侏罗世末长 6 期底面凹凸构造面貌

　　长 6 期底面构造在中侏罗世末与长 8 期底面同时期构造格局相似，说明长 6 期底面构造具有继承性，整体仍然表现为在盆地东南部有 3 个北西-南东向展布的大型凸起带，其东南部和西南部凸起带大，中南部凸起带相对较小。差别在于凸起高程差减少，西南部凸起带高程差 760m 以上，东南部凸起带高程差 660m，并且西南部凸起带高程差最大，而长 8 期底面同时期最大凸起带在东南部（图 3-4）。

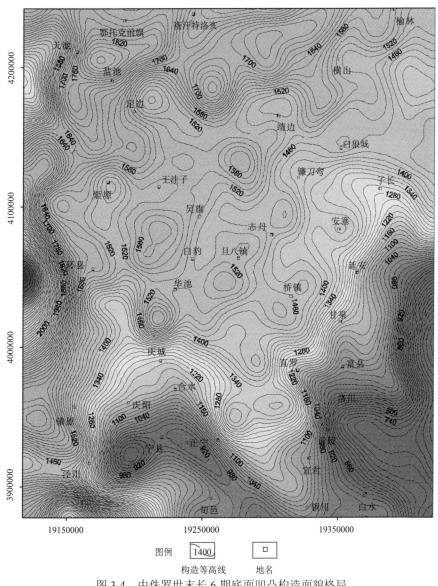

图 3-4　中侏罗世末长 6 期底面凹凸构造面貌格局

2. 早白垩世末长 6 期底面凹凸构造面貌

长 6 期底面构造在早白垩世末继承长 8 期底面凹凸构造格局。整体表现为"东北高西南低，东高西低"的构造格局，发育 4 个向盆地西北部收敛的凸起带，中南部 3 个凸起带呈近北西-南东向展布，北部呈近东西向展布（图3-5）。

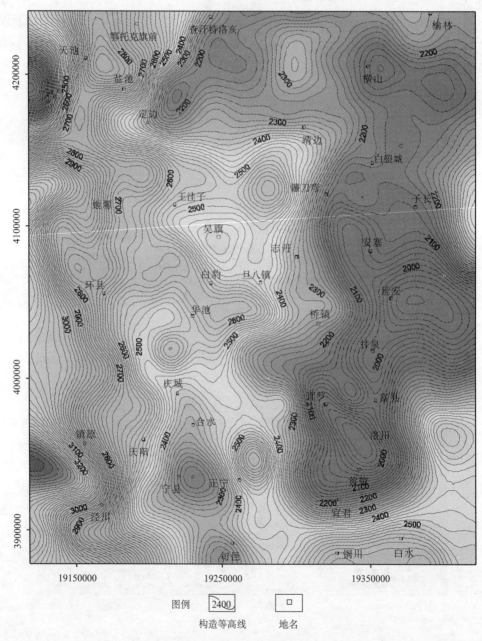

图 3-5　早白垩世末长 6 期底面凹凸构造面貌格局

3. 现今长 6 期底面凹凸构造面貌

现今仍然继承长 8 期底面凹凸构造格局，整体表现为规模较大的 "一凸一凹" 的底面构造格局，凸起带分布在盆地东南部白狼城—安塞—甘泉—富县—洛川—黄陵—白水一线的东部地区，盆地西部盐池—环县—镇原一线地区为凹陷区，在凹陷与凸起区间为构造相对平缓变化的斜坡带区域。整个斜坡背景上，局部较小凸起区相当发育（图 3-6）。

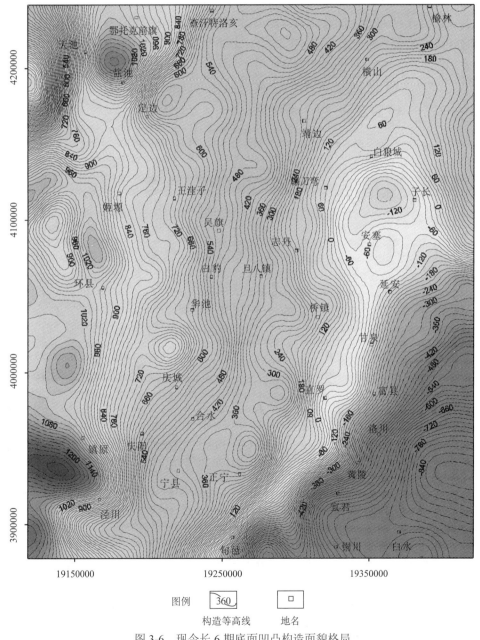

图例 360 构造等高线 □ 地名

图 3-6 现今长 6 期底面凹凸构造面貌格局

三、生烃期后长 3 期底面凹凸构造面貌及其演化

1. 中侏罗世末长 3 期底面凹凸构造面貌

　　中侏罗世末长 3 期底面凹凸构造格局整体与长 6 期及长 8 期相似，但又有自身明显特征，表现为 5 个北西-南东向展布的大型凸起带，同时向盆地西北部收敛，几条大的凸起带均延伸很远，其中东北部盐池—定边—靖边—镰刀弯—子长一线地区的凸起规模最大，几乎从盆地东部延伸到西北部。中部的王洼子—吴旗—桥镇—延安凸起带规模也较大。同时，西南部凸起带面积相对长 6 期及长 8 期明显变大。而在盆地北部、东部及中部的凸起带间为凹陷区（图 3-7）。

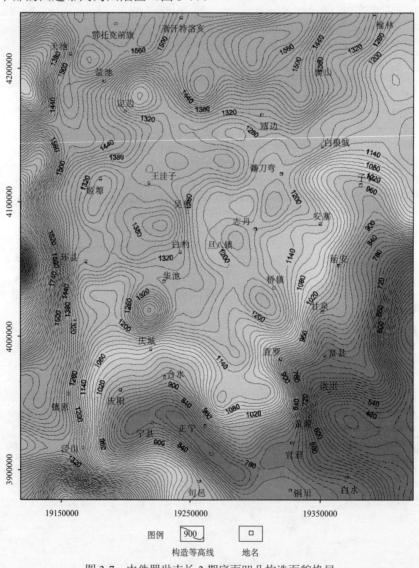

图 3-7　中侏罗世末长 3 期底面凹凸构造面貌格局

2. 早白垩世末长 3 期底面凹凸构造面貌

早白垩世末长 3 期底面凹凸构造格局整体与长 6 期及长 8 期相似，整体表现为"东北高西南低，东高西低"的构造格局，明显发生了反转构造运动。整体上发育多条向盆地西北部收敛的凸起带，盆地东部及中部局部地区为凹陷带（图 3-8）。

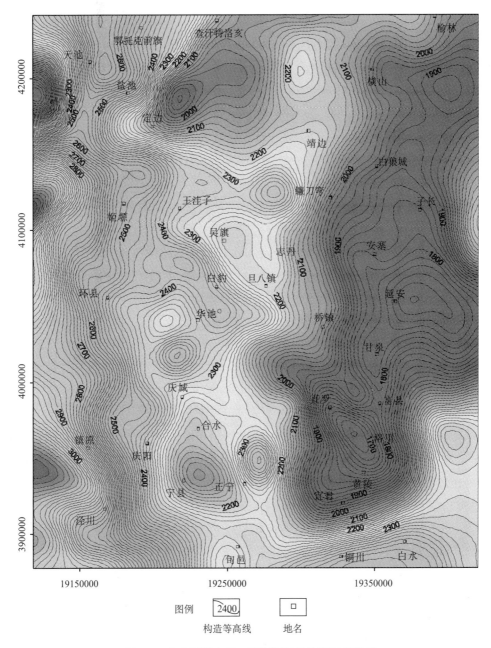

图 3-8　早白垩世末长 3 期底面凹凸构造面貌格局

3. 现今长 3 期底面凹凸构造面貌

现今长 3 期底面凹凸构造格局与长 6 期及长 8 期相似，整体表现为规模较大的"一凸一凹"的底面构造格局，凸起带分布在盆地东南部白狼城—安塞—甘泉—富县—洛川—黄陵—白水一线的东部地区，盆地西部盐池—环县—镇原一线地区为凹陷区，在凹陷与凸起区间为构造相对平缓变化的斜坡带区域，其间局部较小凸起区相当发育（图 3-9）。

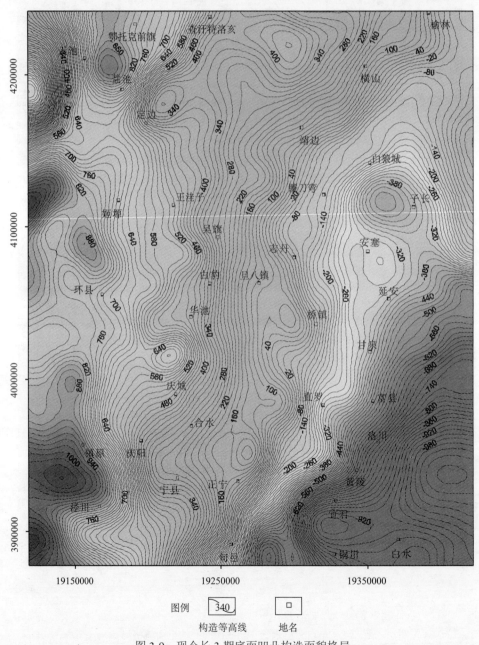

图例 　340　　 □

构造等高线　　地名

图 3-9　现今长 3 期底面凹凸构造面貌格局

四、生烃期后其他含油层底面凹凸构造面貌

通过以上分析可以看出，延长组下部含油层段古凹凸构造面貌一般继承性较好，各期在局部地区有所差异，在最大埋深时期（早白垩世末期）各期古构造面貌对研究成藏更有意义。现仅提供其他各期古凹凸构造面貌图（图3-10）。

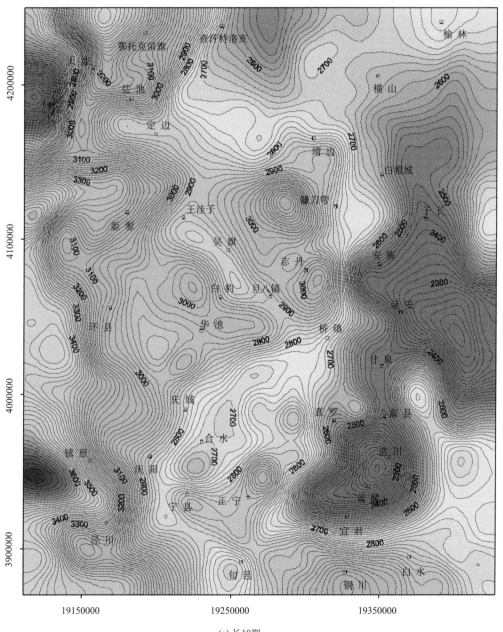

(a) 长10期

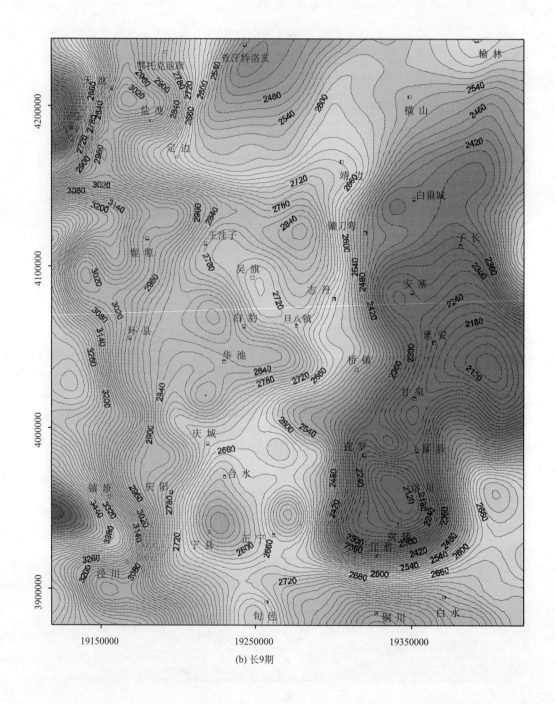

(b) 长9期

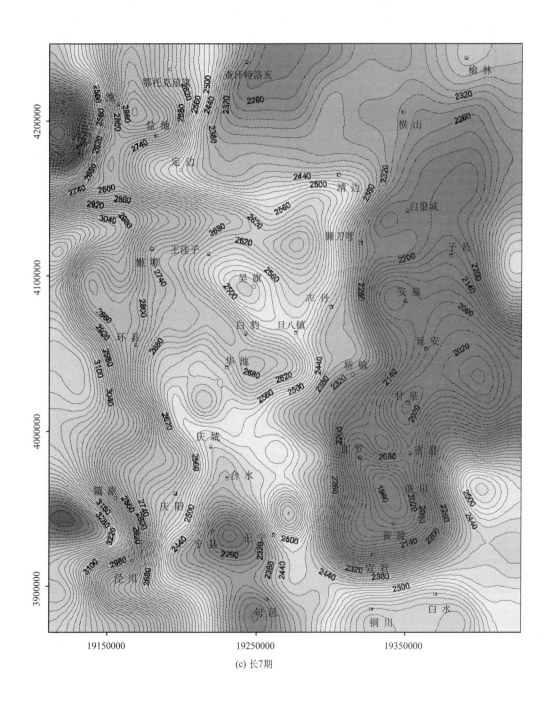

(c) 长7期

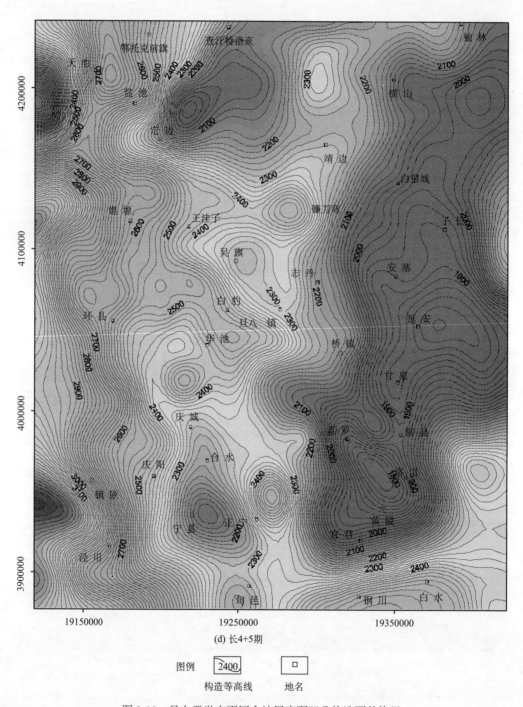

(d) 长4+5期

图例　　　2400　　　　　□

　　　构造等高线　　　地名

图 3-10　早白垩世末不同含油层底面凹凸构造面貌格局

第四章 湖盆底面凹凸构造及其演化与油藏分布

通过分析湖盆底形构造特征与油藏分布的关系、异常地层压力与油藏分布的关系，试图找出其中的内在耦合关系，并以此为依据，进一步识别出延长组各小层的有利成藏区。

一、湖盆底面凹凸构造与油藏关系研究现状

1. 湖盆底面凹凸构造面貌研究是近年来的热点研究方向

在盆地大量生烃期前，湖盆底面构造及其演化，对各期沉积砂体形成、分布的控制有重要作用。

关于湖盆构造与油藏的关系，前人已经有了许多认识。

单斜背景下的低幅构造是岩性油藏形成的重要条件已经被广泛认可（王建民，2006；赵靖舟等，2007；王昌勇等，2010），该认识侧重油气已经大量生成后，对保存条件的考虑。

早期认为鄂尔多斯盆地晚三叠世发育了大量的浊积岩（文应初，1983；洪庆玉，1992；李祯等，1995；李文厚等，2001；何自新等，2003；付金华等，2005），这些浊积岩体呈扇形或成带分布在三角洲砂体前方，叠合连片，如分布在庆阳、合水、固城、安置农场地区的浊积岩，形成了储量可观的岩性油藏（杨华等，2009），勘探实践证实，盆地浊积岩砂体有利区的寻找，是下一步中生界石油"增产上储"的突破口，这些观点侧重从储层的角度考虑。

近年来，随着浊积岩砂体油藏的大量发现，人们开始重视砂体成因机制（如浊积岩）（Chen et al., 2007; Li et al., 2011; Liu et al., 2016），进而研究其分布规律，摸索预测方法。

延长组上部长 3 段储层与湖盆底面构造关系仍然密切，李凤杰等（2004b）运用高分辨率层序地层学原理和方法，以陕甘宁盆地城华地区三叠系延长组长 3 段油组为例，认为缓坡带三角洲前缘的水下分流河道微相是最重要的储集砂体类型。

杨华等（2007）认为砂体生成与发育模式由沉积层序格架控制，而各期湖盆底面构造演化控制着沉积层序格架的形成。他总结出了两类不同成因砂体发育类型，一类是以长 6 段—长 8 段油层组盆地西与西南缘陡坡带为代表，另一类则以延长组长 4+5 段—长 2 段东北缘缓坡带为代表。前者主要反映陡坡带扇三角洲、辫状河三角洲沉积

体系，以及其前缘带下滑形成的浊积沉积体系各类砂体的划分条件和发育模式，后者则重点反映缓坡带曲流河三角洲沉积体系各类砂体及其伴生的滩坝、风暴砂体的成生条件和发育模式。

傅强等（2008）通过对长 6 期、长 7 期深湖区域钻探发现的多套厚薄不等的浊积岩砂体的研究，结合岩心观察描述及岩石结构、构造特征分析，认为鄂尔多斯盆地长 6 期、长 7 期湖盆深湖区域发育的浊积岩属于三角洲前缘滑塌成因。其中西南物源方向的辫状河三角洲前缘的深湖部位主要发育较粗粒滑塌浊积岩，盆地东北物源方向的曲流河三角洲前缘的深湖部位主要发育较细粒滑塌浊积岩。并通过对湖盆底面构造特征——坡折带的研究，试图弄清鄂尔多斯盆地晚三叠世湖盆中浊积岩的特征及分布规律。

李相博等（2010） 利用地震反射剖面及沉积微相组合特征，对鄂尔多斯盆地三叠系延长组进行研究，研究表明在大型拗陷湖盆中也发育坡折带，按照在湖盆中的所处位置，可将其明显地划分为深水沉积坡折与浅水沉积坡折两类，前者位于三角洲坡型前缘深水区，后者位于三角洲台型前缘或三角洲平原附近。研究表明，深水沉积坡折主要控制砂质碎屑流与浊流等深水重力流的砂体沉积；浅水沉积坡折主要控制正常牵引流三角洲前缘水下分流河道的砂体沉积。进一步研究认为，除对砂体成因类型具有控制作用外，深水与浅水沉积坡折对延长组中部砂体厚度变化、平面展布形态及砂体物性变化也具有明显的控制作用。认为延长组油气分布受坡折带与层序格架双重控制，要么受坡折带控制，要么受低位域砂体控制，或者二者共同控制。

上述关于盆地油藏的成藏因素中，湖盆底面构造特征对成藏的控制作用较为明显，并且众多学者试图通过多种方法研究有利于成藏的湖盆底面构造特征。对湖盆底面构造隆起格局特征，即湖盆底形（湖盆底面形态）的研究，以及对优质砂体类型的研究是目前的重点和难点。

2. 湖盆底面凹凸构造造就的坡折带是浊积岩砂体形成的必要条件

坡折带原是地貌学概念，指地形坡度突变的地带，它可由构造因素或沉积因素形成，该部位对沉积基准面变化非常敏感，并直接影响层序和沉积体系的发育（李群和王英民，2003）。依据坡折带发育的背景因素，可以分为沉积坡折带和构造坡折带，前者是在构造稳定的背景下，由于大规模的物源供给（如三角洲体系或陆架-陆坡推进）形成的地貌突变，常见于被动大陆边缘盆地陆架-陆坡的形成阶段；后者是指由同沉积构造长期活动引起的沉积斜坡明显突变的地带（林畅松等，2000；李思田等，2002）。据此认为，鄂尔多斯盆地延长组大量的坡折带应该为构造坡折带。

"湖盆底形变陡，是存在坡折的标志"（李德生，2004）。换句话说，湖盆底面凹凸构造的存在，就意味着坡折带的存在。通过前面系统恢复延长组各期底面凹凸构造面貌，认为延长组各层存在大量坡折带，应引起足够的重视。李相博等（2009）总结了长期以来人们没有重视延长组坡折带的原因：长期以来，人们一直认为鄂尔多斯盆地是中国乃至东亚最稳定的构造单元之一，盆地内部构造属性具有"整体升降、平起平落"的特征。

识别坡折带是预测优质储层——浊积岩的前提。广义的浊积岩指形成于深水沉积环境的各种重力流沉积物及其所形成的沉积岩的总和。因此按成因和组构特征又将重力流沉积物划分为若干岩类，每一岩类又有其各自的成分、结构、构造特征。湖泊重力流体系（湖泊浊积砂体）是指发育在湖泊环境中的、由重力流作用形成的水下扇形沉积体，它是由水和泥沙混合形成的一种密度流（周江羽等，2010）。

吴崇筠和薛叔浩（1988）通过对我国断陷湖盆浊积砂体的研究，按浊积砂体所处的位置并结合砂体形态，将湖泊浊积砂体分为六类（表4-1）。

表 4-1　湖泊浊积砂体类型、位置和鉴别表

特征	砂体类型					
	近岸浊积扇砂体	带供给水道的远岸浊积扇砂体	近岸浅水砂体前方浊积砂体	断槽浊积砂体	水下局部隆起浊积砂体	中央湖底平原的浊积砂体
在湖内位置	陡岸边界不断层陡崖脚下深水湖区	缓岸，浊流供给水道从岸边穿过滨浅水区到陡坎前方深水区	缓坡、侧近岸浅水砂体前方深水区	陡岸边界不断层与邻近另一与之倾向相对的断层所形成的狭长断槽深水区	正对浊流流经路径的水下低隆起的深水区	湖底中央深水区，单独浊流水道或其他浊流砂体向前突出或扩散所致

坡折控制砂体，有利砂体控制油气，并且坡折也控制油气分布（李相博等，2010）。通过对新近发现的已知油藏的解剖分析，可以明显看出延长组油藏位于湖盆底面构造缓坡部位。

3. 各期湖盆底面凹凸构造-斜坡带与油藏分布关系密切

在第四章"湖盆构造演化与油藏分布的关系"中，各期湖盆在大量生烃时期，绝大部分油藏分布在湖盆底形隆起区的缓坡带区域，对于长 6 段—长 10 段地层油藏尤为明显，说明最大生烃时期湖盆底形构造缓坡带关系密切，耦合关系好。

目前在盆地东南部发现的长 6 期、长 7 期及长 8 期油藏，其沉积体系为辫状三角洲砂体，前缘亚相的分流河道砂体与湖相泥岩相伴生，形成指状尖灭砂体，前缘亚相的分流河道砂体是湖盆底部具有斜坡带（坡折带）构造条件下形成的浊积砂体，是典型的岩性油藏。

1）城华地区长 8 期湖盆底部构造缓坡带油藏

城华地区长 8 期油层属辫状三角洲前缘河口坝沉积（实际上为辫状分流河道向湖

盆方向的延伸），砂岩粒度变细，砂层厚度变小，泥质含量增高，自然电位曲线为齿化箱形或为漏斗形，单层砂厚 5～10m。油层平均厚度 5.1m，根据城 86 井 12 块样品分析，平均孔隙度为 7.1%，渗透率为 $0.16\times10^{-3}\mu m^2$，该区长 8 期油藏由城 85 井、城 86 井两口井控制，油层展布范围较小。油层受沉积相带和储层物性控制。城 85 井长 8 期试油获 3.83t/d 工业油流，产水 $4.14m^3/d$；城 86 井试油获 4.51t/d 工业油流。两口井圈定含油面积 $19.3km^2$，控制石油地质储量 175×10^4t，储量丰度 9.1×10^4t，油藏埋深 1810～1830m，属中浅层、低产、特低丰度、小型油藏（图 4-1）。

2）城 88 井区长 7 期湖盆底部构造缓坡带油藏

该区长 7 期油层属深湖浊流沉积，油层单层厚度大，一般 10～20m，城 88 井最厚可达 31.5m，粒度细（粉细-粉砂），岩性致密，物性差，根据城 87 井、城 88 井、城 89 井 3 口井 131 块样品分析，平均孔隙度为 6.6%，平均渗透率为 $0.066\times10^{-3}\mu m^2$，含油显示普遍，6 口井试油均达工业油流标准，城 86 井最高产量产油 13.69t/d，储层岩性为岩屑砂岩，石英含量为 40.0%，长石含量为 16.3%，岩屑含量为 16.3%，颗粒分选中等，粒径一般为 0.06～0.3mm，最大 0.35mm，磨圆度为次棱角状，颗粒为线状接触方式，胶结类型以孔隙式为主，胶结物以水云母为主，云母泥化、变形，平均含量为 8.7%，次为方解石、铁白云石硅质胶结。主要孔隙类型为微孔、少量复合型，平均孔径为 5μm，平均面孔率为 2.0%，压汞资料分析长 7 期储层孔喉半径为 0.0384～0.1142μm，平均为 0.076μm，排驱压力为 1.832～4.6161MPa，平均为 3.015 MPa，中值压力为 6.4341～19.1353MPa，平均为 11.1336 MPa，喉道分选系数为 1.0128～1.702，平均为 1.3781，变异系数为 0.0785～0.1793，平均为 0.1138，属微细孔微细喉型（图 4-2）。

该区长 7 期油藏有 9 口井控制，油层平均厚度为 7.7m，油层受沉积相带和储层物性控制，为岩性油藏。根据油层厚度变化情况和单井控制程度，圈定含油面积为 $115.3km^2$，探明石油地质储量为 1921×10^4t，储量丰度为 $16.7\times10^4t/km^2$，油藏埋深 1725～2010m，属中浅层、低产、特低丰度，中型油藏。

二、不同层位油藏分布特征

盆地长 7 段—长 10 段油藏在不同地区呈现两个分布规律，在盆地中部呈北西-南东向分布，在盆地西南部呈北东-南西向分布（图 4-1）。

长 3 段及长 4+5 段油藏，在盆地中部东西两侧呈现北西-南东向分布（图 4-2）。

上述分布格局，是延长组各期沉降与沉积迁移格局决定的，油藏分布于沉降轴附近，即沉降中心区域。

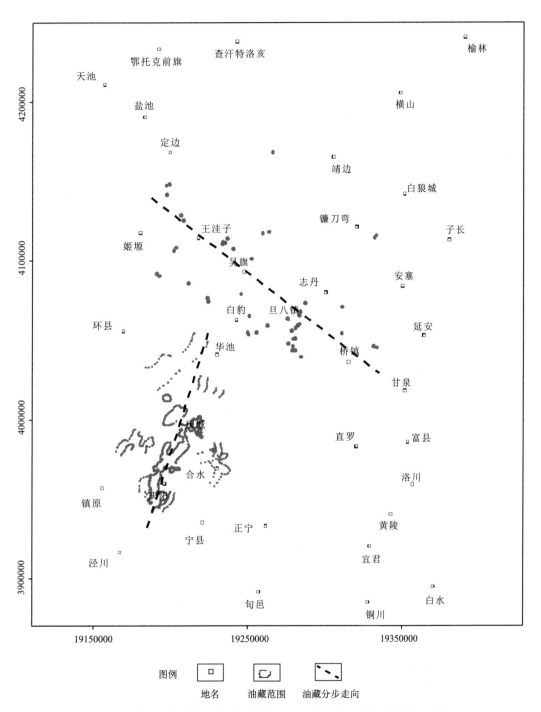

图 4-1　鄂尔多斯盆地三叠系延长组（长 7 段—长 10 段）油藏分布特征

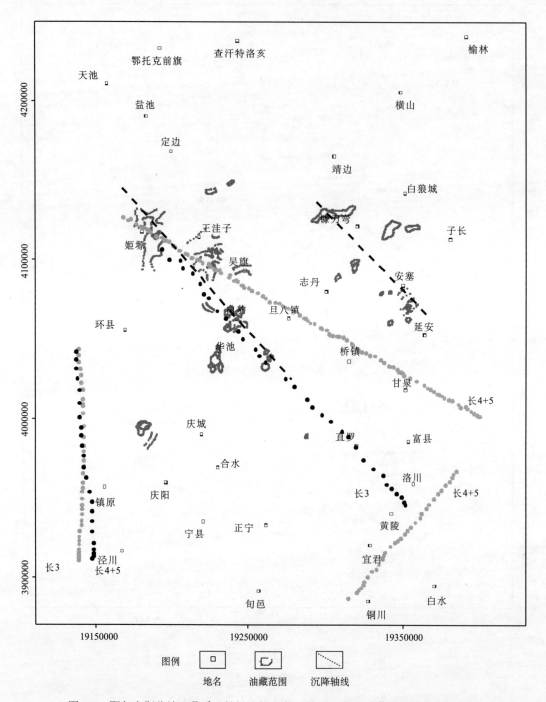

图 4-2 鄂尔多斯盆地三叠系延长组（长 3 段、长 4+5 段）油藏及沉降轴分布特征

三、湖盆构造演化与油藏分布的关系

1. 湖盆沉降中心演化与压实系数的关系

鄂尔多斯盆地延长组沉积时期，具有两个沉降中心，一个在盆地中东部，另一个在盆地西南部，压实系数小值区域分布于两个沉降中心附近，说明盆地延长组各期沉降中心控制着压实系数的分布（图4-3）。

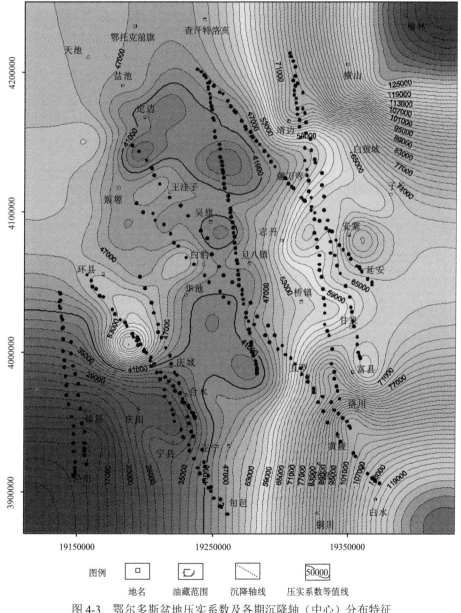

图4-3　鄂尔多斯盆地压实系数及各期沉降轴（中心）分布特征

三叠系延长组沉积阶段经历了长 9 段沉积期、长 7 段沉积期、长 4+5 段沉积期 3 个主要湖侵期，受延长组沉积时期，古地形、沉降演化特征的控制，决定着储集砂体的沉积相类型、沉积演化规律，并且由于这种构造背景存在明显差异，造成了该区不同层系、不同区块地层层序、沉积环境、岩石学特征的差异。可见，延长组沉积时期的古构造（沉降）特征，即古地形及其演化规律，控制着研究区的岩性、岩相带，最终控制该区压实系数的分布特征。

2. 压实系数与油藏的关系

研究区岩性、岩相带分布特征受控于鄂尔多斯盆地三叠系延长组湖盆演化，湖盆演化又受控于湖盆沉降。沉降中心和沉积中心演化，最终决定油藏的分布，油藏几乎全部分布在低压实系数区域（图 4-4）。

通常情况下区域的岩性、岩相带及构造条件控制着压实曲线类型，构造对压实曲线类型的影响主要表现在拗陷速度的差异。然而具体到某一盆地，控制压实曲线类型的上述主导地质因素会有不同，有的盆地可能主要受控于岩性、岩相带，而有的盆地可能主要受控于构造运动。

四、凸起构造与油藏分布

1. 生烃期后长 6 期底面凹凸构造-构造斜坡带（构造坡折带）与油藏分布

中侏罗世末长 6 期底面在盆地东南部有 3 个北西-南东向展布的大型凸起带，其东南部和西南部凸起带大，中南部凸起带相对较小。差别在于凸起高程差减少，西南部凸起带高程差 760m 以上，东南部凸起带高程差 660m，并且西南部凸起带高程差最大。中侏罗世末期，已经开始生烃，图 4-5 中标有部分凸起构造脊线（9 条），已发现的长 6 期油藏几乎全分布在凸起构造脊线两则。

早白垩世末期（最大埋深时期，也为大量生烃期），长 6 期底面构造继承长 8 期底面凹凸构造格局。同时，可以明显看到，中东部凸起构造规模较中侏罗世末期变大，西南部凸起规模和中侏罗世末期相当，此期的东北部及西南部大油田均分别处于这两个大型凸起构造两侧，表明大量生烃期的大型凸起构造对油气的保存相当有利（图 4-6）。

现今，长 6 期底面构造整个变成斜坡背景，局部较小凸起区发育，说明现今构造对成藏作用不大（图 4-7）。

2. 生烃期后其他含油层段底面凹凸构造-构造斜坡带（构造坡折带）与油藏分布

长 3 期、长 8 期等分别在中侏罗世末、早白垩世末期（大量生烃时期）及现今的底面凹凸构造特征与油藏的分布关系为，各层段油藏绝大部分分布在凸起构造脊线两侧及其附近，特别是大量生烃时期，该现象尤其明显，仅长 3 段在现今鼻状构造较为发育，鼻状隆起对油气的保存起到积极作用（图 4-8～图 4-14）。

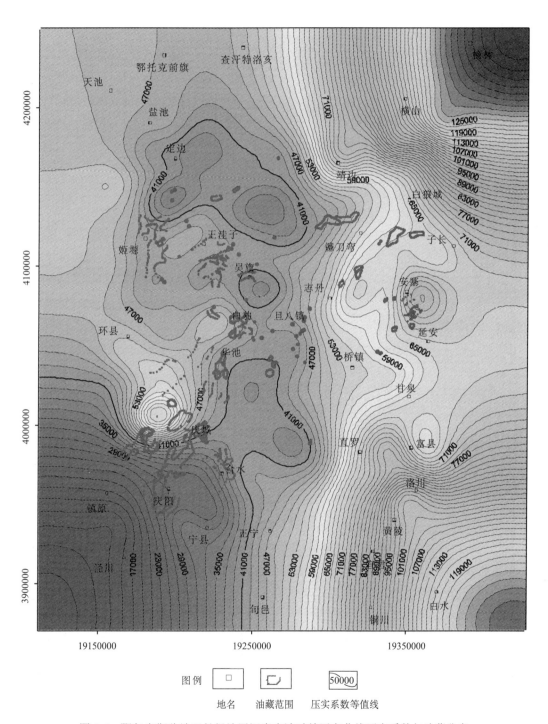

图 4-4　鄂尔多斯盆地延长组地层泥岩声波时差压实曲线压实系数与油藏分布

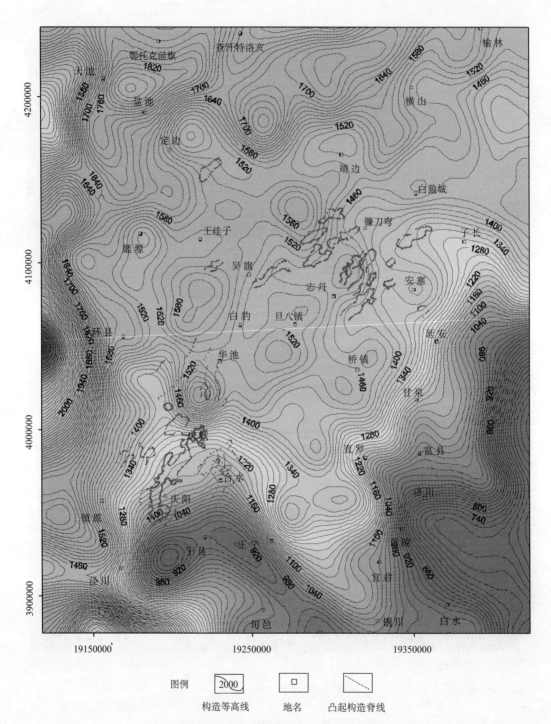

图 4-5　中侏罗世末长 6 期底面凹凸构造与长 6 期油藏叠合

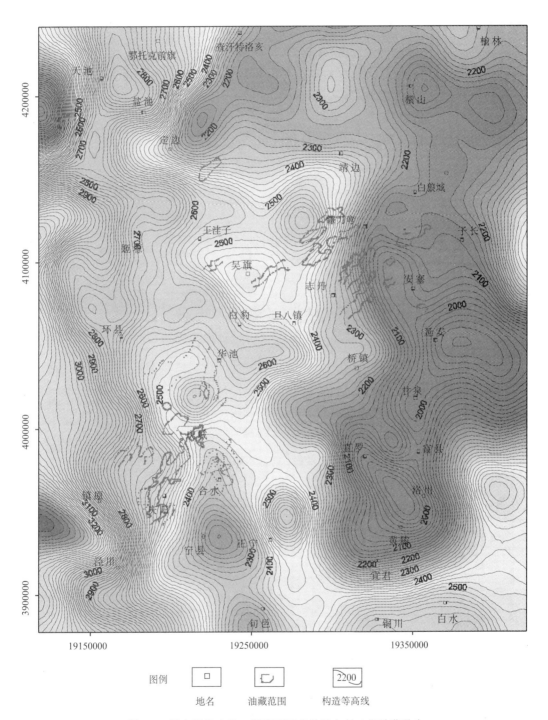

图 4-6 早白垩世末长 6 期底面凹凸构造与长 6 期油藏叠合

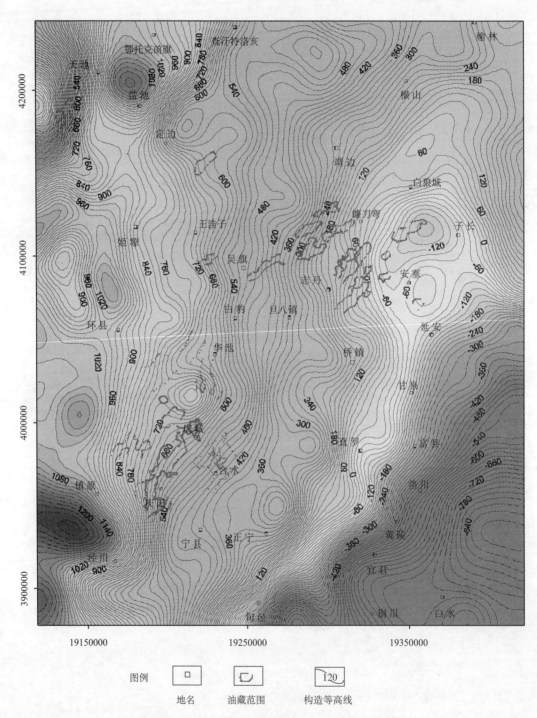

图例　　□ 地名　　⌐⌐ 油藏范围　　120̄ 构造等高线

图 4-7　现今长 6 期底面凹凸构造与长 6 期油藏叠合

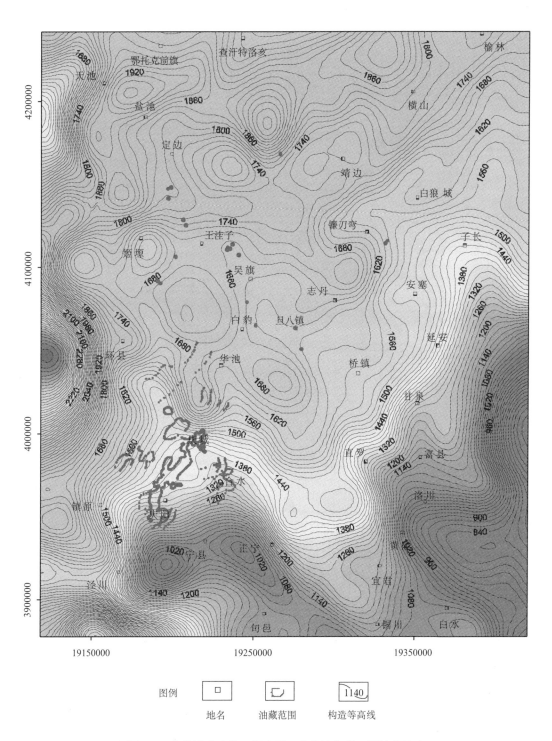

图 4-8　中侏罗世末长 8 期底面凹凸构造与长 8 期油藏叠合

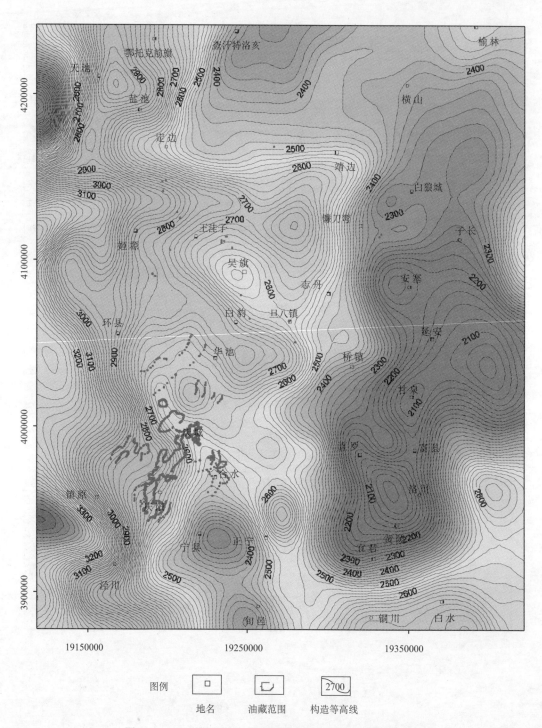

图例　　□ 地名　　⬭ 油藏范围　　[2700] 构造等高线

图 4-9　早白垩世末长 8 期底面凹凸构造与长 8 期油藏叠合

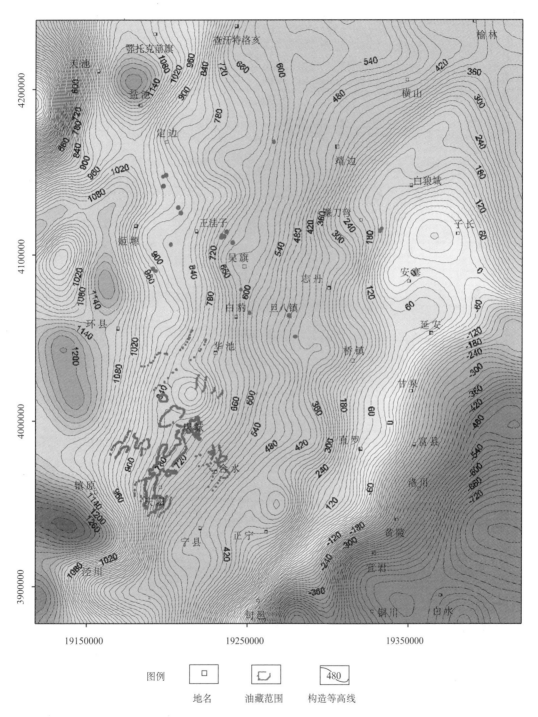

图例 | 地名 | 油藏范围 | 构造等高线

图 4-10 现今长 8 期底面凹凸构造与长 8 期油藏叠合

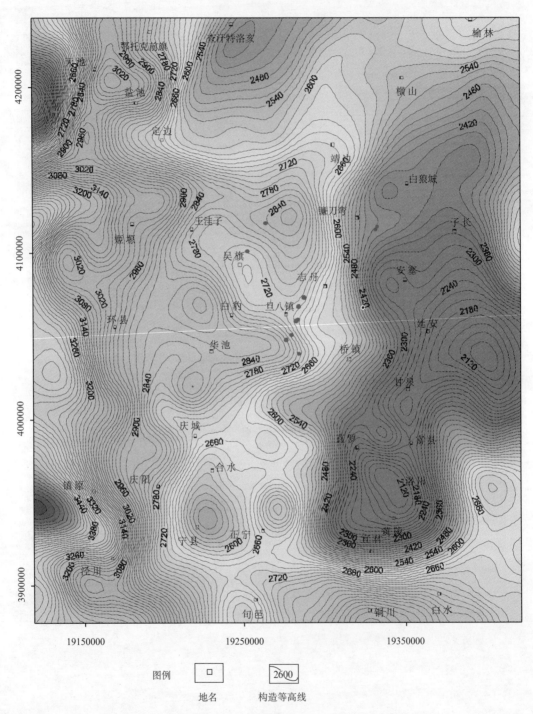

图 4-11　早白垩世末长 9 期底面凹凸构造与长 9 期油藏叠合

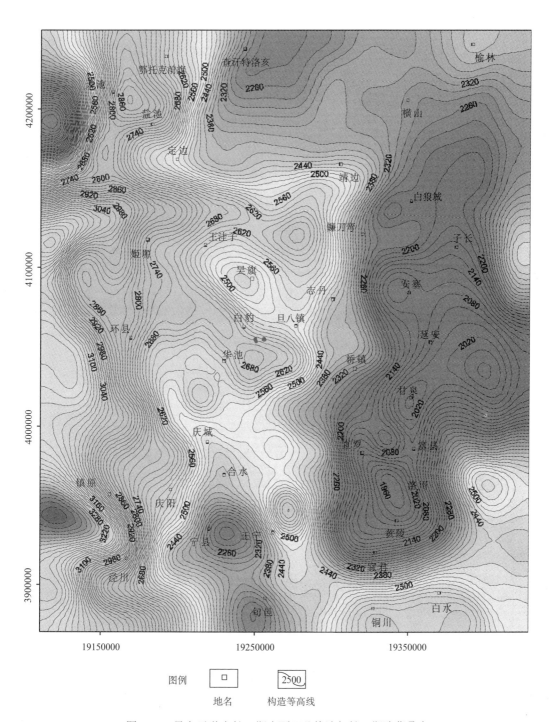

图例 ☐ 地名 2500 构造等高线

图 4-12 早白垩世末长 7 期底面凹凸构造与长 7 期油藏叠合

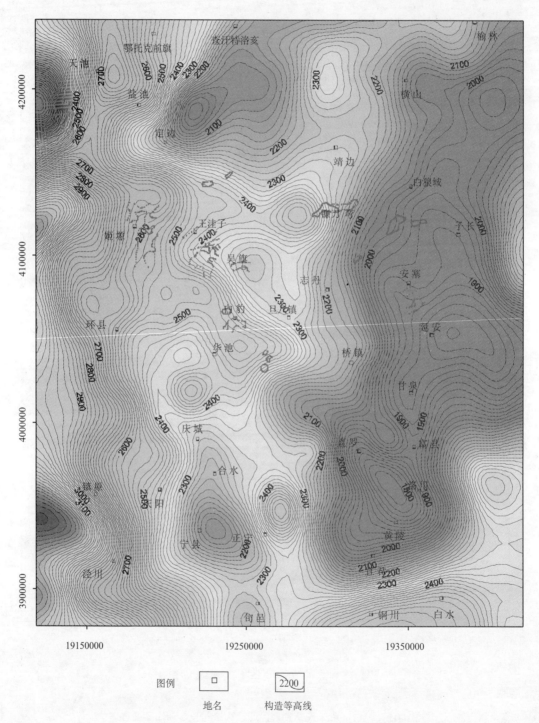

图例　　□　　　2200

地名　　　构造等高线

图 4-13　早白垩世末长 4+5 期底面凹凸构造与长 4+5 期油藏叠合

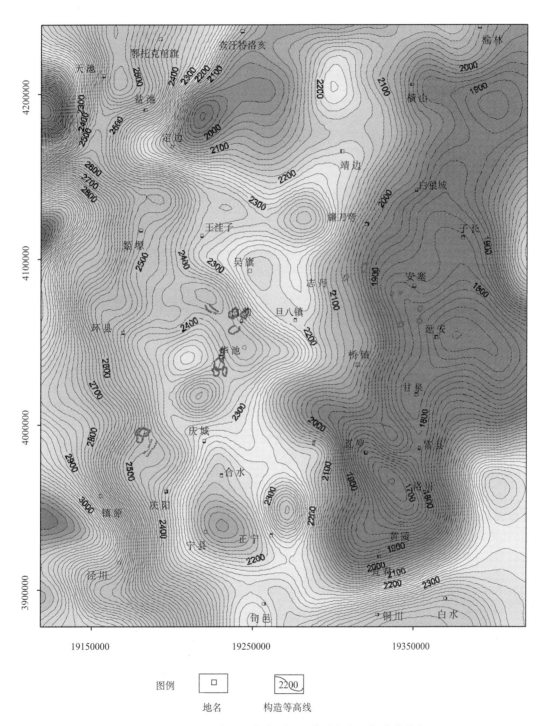

图例 □ ⟨2200⟩

地名 构造等高线

图 4-14 早白垩世末长 3 期底面凹凸构造与长 3 期油藏叠合

目前的勘探实践已经充分证实，大量生烃时期大凸起构造决定大油田的分布。沉积期底面凸起构造的意义在于能形成优质储层，而在生烃期后，特别是大量生烃期形成的凸起构造对形成良好的圈闭条件创造了条件。

上述现象是湖盆底形及其演化特征是当前研究热点的真正原因。

第五章　大量生烃时期异常地层压力与油藏分布

本章主要论述油页岩在大量生烃后，是如何聚集到储集层，以及往哪里聚集的。本章从运聚动力的大小及其分布入手，探索油藏的分布规律。

地层压力是地下流体所赋存的重要的能量状态之一，尤其在地质演化过程中，地层异常压力的分布特征与流体（油、气和水）的空间分布有直接的关系，并对油气的成藏过程起着至关重要的控制作用。马启富等提出普遍存在的超压体与油气成因紧密相连。

一、异常压力的概念与分类

把地层中岩石孔隙空间中的流体压力用"孔隙压力"这一名词来表述，它在石油勘探与开发领域具有特殊意义（李培超等，2002）。而与岩石表面及地表连通的开放体系下的水柱压力称为静水压力。

在正常情况下，地层某一深度的静水压力可在数值上等于地层压力。通过与静水压力的对比来衡量沉积盆地的压力状态，通常用压力系数 P_c 来表述，其值为同一深度的地层流体压力与静水压力的比值。真实的地层压力在数值上是可以大于、等于或小于静水压力的。

一般地，异常压力（abnormal pressure）指的是在地下某一深度范围内地层压力明显大于或小于静水压力的一种现象。将地层压力明显高于静水压力的现象称为异常高压或超压（over pressure），与其对应的压力系数明显大于 1；而地层压力明显低于静水压力的现象称为异常低压或负压（subnormal pressure 或 under pressure），其压力系数明显小于 1。我们常说的上覆地层压力也就是静岩压力大多数情况下与地层压力是相接近或略低的，当地层在其压力达到某一临界值时便会发生破裂，这种临界状态下的压力即破裂压力通常可引发地层的断裂，也就是说在强超压背景条件下地层容易断裂。

目前，主要有三类方法用来研究异常地层流体压力，归纳总结如下：直接测试法，其原理为直接运用钻井过程中的中途测试资料、等效泥浆比重及一些能反映岩石可钻性的地层参数等来获取地层压力参数。该种方法的不足之处在于从有限的钻井分布范围内很难在横向上与纵向上获得全局整体面貌，除此以外还会因为较深的钻井深度使得测试的结果不可信等。地震预测法是在运用振幅、波阻抗及地震速度谱等地震参数的基础上对异常地层压力进行预测。其优点为地震资料丰富、覆盖范围广（刘晓峰等，2006），但成本高、代价昂贵。测井计算法主要是运用电阻率和声波时差曲线等地球物理测井资料对地层流体压力进行计算。此种方法存在一定的局限性，即仅限于泥岩沉积段，但往往由于测井资料丰富、覆盖范围大、研究方法日臻成熟等诸多优点而被广泛使用，本书也正是鉴于此类原因而主要采用声波时差法进行异常压力的研究。

二、利用声波时差恢复最大埋深时的异常地层压力

一般情况下，沉积盆地中封隔密闭或相对封隔密闭的地质背景环境更容易产生异常高压。异常高压形成的重要条件为出现厚层的泥岩，与相同深度条件下正常压实泥岩相比，这种厚层的高压泥岩其有非常高的孔隙率。异常高压泥岩中存在的剩余孔隙中的流体部分承担了原本应该由骨架岩石基质承担的上覆地层静岩压力，在数值上异常高压泥岩中的超压等于该部分的地静压力。平衡深度法正是利用这一原理来计算泥（页）岩地层中异常压力的大小的。一般地，正常沉积压实的测井曲线上与不均衡欠压实地层测井曲线上具有相等孔隙度的深度即为人们通常所说的平衡深度（图5-1）。

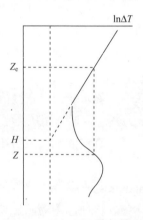

图 5-1　平衡深度法示意图

如图5-1是半对数坐标系下声波时差-埋深关系图，从图中可以看出上覆地层正常压实段近似为一条直线，以字母 Z 表示异常压实段内的目标埋深，从该点垂直向上作直线与正常压实段交于点 Z_e 处，因为这两点对应的孔隙度是相等的，由有效应力定律得出二者必然引起相等的有效应力，从而将点 Z_e 称为点 Z 的平衡深度，即有效深度。从理论上讲，所有孔隙均不存在的状态为压实作用的极限，不可能将压实曲线再延伸下去，此时岩石颗粒骨架对应的埋深为 H。

1. 根据声波时差压实曲线计算泥岩过剩压力的方法

在压实曲线异常段上，每一点的过剩压力可依据等效深度法，通过下式计算：

$$\Delta P = \gamma_w \cdot Z_e + \gamma_b \cdot (Z - Z_e) - \gamma_w \cdot Z \tag{5-1}$$

式中，ΔP 为 H 点的过剩压力；Z_e 为平衡深度（压实曲线正常段上的某一点，其声波时差与异常段内计算点相同。该点的深度即为平衡深度）；γ_b 为深度 $Z—Z_e$ 段岩柱的压力梯度；γ_w 为静水压力梯度。

考虑到泥岩压实曲线的正常趋势在延伸到泥岩骨架时（H 点）应发生转折，故当压力计算点深度大于 H 时，过剩压力的计算公式应为

$$\Delta P = \gamma_w \cdot Z_e + \gamma_b \cdot (H - Z_e) + \gamma_w \cdot (Z - H) - \gamma_w \cdot Z \qquad (5-2)$$

计算中涉及的参数有：

（1）泥岩骨架声波时差值。

经过对研究区的压实曲线分析，在较深的几口井的剖面中，其平均值可视为本区泥岩声波时差骨架值，所以本区泥岩骨架声波时差最低值取 195μs/m。

（2）古地表泥岩声波时差值。

首先建立研究区理想的压实曲线，建立理想的压实曲线，必须选择沉积比较连续，受后期岩浆和构造等活动影响较小的地层和相应的测井资料，并且参照前人的研究成果，取古地表泥岩声波时差值为 600μs/m。

（3）上覆岩层平均压力梯度及静水压力梯度。

据前人研究结果，取 γ_b 为 0.0231×10^5 Pa/m，γ_w 为 0.0098×10^6 Pa/m。

在等效深度的压力计算中，涉及的参数参考前人研究（陈荷立等，1988），鄂尔多斯盆地中生界泥岩骨架声波时差值为 200μs/m，地表取声波时差值为 600μs/m，地层静水压力梯度 γ_r 取值为 1.04×10^4Pa/m，上覆地层岩石（岩柱）平均压力梯度为 2.31×10^4Pa/m。

图 5-2 和图 5-3 是依据式（5-1）和式（5-2），计算出的单井不同深度上的异常压力。

2. 异常压力成因

目的层地层压力从延长组或白垩纪末的超压演化为现今的静水压力或低压，经历了改造、调整阶段。低压的形成是由于白垩纪末以后的构造运动（地层抬升、剥蚀等地质活动）。

沉积盆地中异常压力的形成机理可划分为三大类：①不均衡的压实和构造挤压作用所引起压应力的增大（即孔隙体积的减少）；②温度升高（热液压力）、成岩作用、烃类的生成和裂解为气体所引起流体体积的变化；③流体运动和与由水压头（势能）、渗透作用及浮力所产生的液体与气体之间的密度差有关的作用。

目前国内外普遍认为，不同成因机制对现今超压机制相对贡献的顺序依次为：机械应力、热效应、动态运移和化学应力。

对最大埋深时期的异常高压，从压实研究的结果看，在造成本地区最大埋深时期异常压力的原因中，压实与排水的不均衡作用（欠压实作用）起着重要作用。从泥岩声波时差与密度随深度的关系可以得出此结论（图 5-4）。

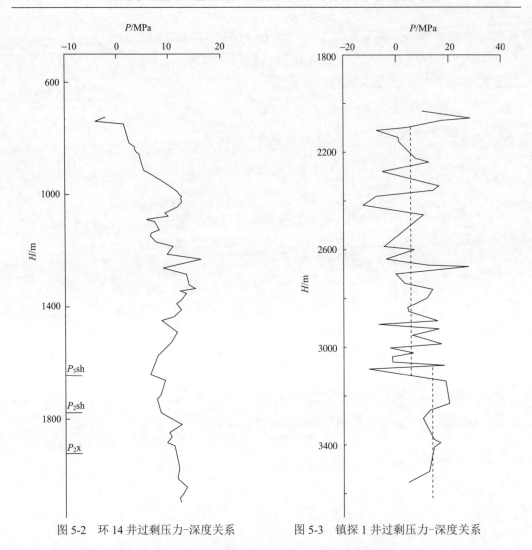

图 5-2　环 14 井过剩压力-深度关系　　　图 5-3　镇探 1 井过剩压力-深度关系

　　从陕 112 井泥岩声波时差与密度随深度变化图（图 5-4）可看出，从 2500m 开始，声波时差开始增大而偏离正常压实趋势线，泥岩密度减小而偏离正常压实趋势线，直到 2800m 结束。而理应是随深度增加，地层密度也增加，但在声波异常段恰恰相反，这就充分说明欠压实是形成异常高压的主要原因（其他几个因素不大可能）。

　　对异常低压无疑是地层抬升剥蚀，压力因封闭层的泄漏、流体沿断裂和不整合面的运移而形式的。

三、大量生烃期异常压力分布特征

　　前人对鄂尔多斯盆地中生界延长组异常压力分布特征进行过较详细的研究（陈荷立等，1990；杨小萍和白玉宝，2000；杨飐等，2006；刘小琦等，2007；吴保祥等，2008；吴永平等，2008；杜少林，2010；李兴文，2010；英亚歌等，2011）。王震

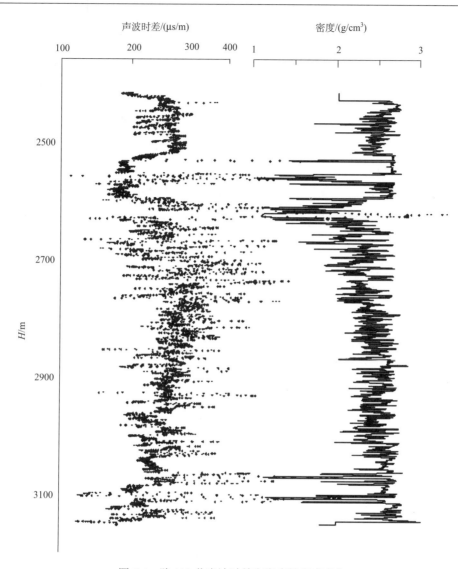

图 5-4　陕 112 井声波时差和密度随深度变化

亮和陈荷立（2007）提出鄂尔多斯盆地大部分地区由于区域-沉积历史的影响所计算的是早白垩世末埋深最大时的过剩压力。

　　本书共读取了 200 余口单井的声波时差值，根据泥岩等沉积物的不可逆转的压实效应，以压实曲线为基础通过平衡深度法恢复计算反映埋深最大状态下的平衡深度、地层压力和过剩压力（陈荷立和罗晓蓉，1988；王震亮等，2004；王晓梅等，2006），绘编了长 7 段—长 10 段地层的平均过剩压力平面及剖面图，总结其在横向及纵向上的分布特征，详细叙述如下。

1. 泥岩声波时差压实曲线特征

通过对区内 1000 余口探井读取泥岩声波时差值，按声波时差值与深度的关系，分别绘制了泥岩压实曲线并对其进行分析。不同地区压实曲线表明（图 5-5），最大埋藏时期各区地层基本从延长组长 6 段开始出现高压力异常，而异常压力幅度因不同地区而有差异。区内中西部 DZ4092 井纵向上发育两段异常高压段，分别在长 6 段底、长 7 段上部，具有"双幅"特征；中西部正 411 井异常高压出现在长 7 段—长 9 段，表现为"漏斗"形，异常幅度"上大下小"；中东部的 ZH411 井表现出明显的异常幅度出现在长 6 段—长 9 段；东北部的 JT442 井，纵向上长 6 段—长 10 段异常幅度则表现为近"平直段"特征，说明在最大埋深时期几乎没有孕育异常压力，地层压力几乎处于静水压力状态。

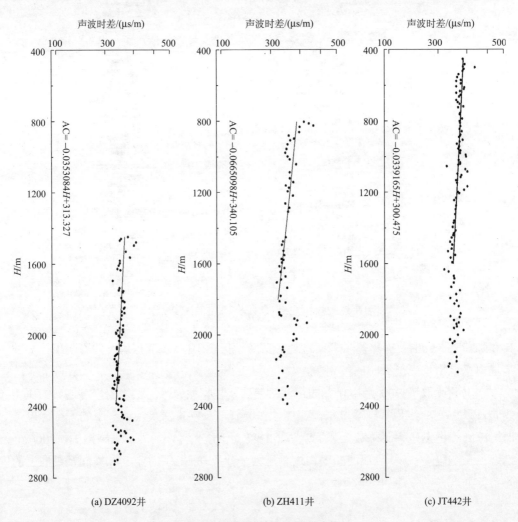

图 5-5　不同地区泥岩压实曲线特征

2. 湖盆沉积中心对压实系数分布特征的控制

比较最大埋深时期压实系数分布图与各期沉积中心的展布，发现盆地沉积中心迁移带决定着压实系数小值区的分布，在盆地北部小压实系数分布区呈北西-南东向，盆地西南部小压实系数分布区呈北东-南西向，与各期沉积中心迁移区域吻合。

通常情况下区域的岩性、岩相带及构造条件控制着压实曲线类型，构造对压实曲线类型的影响主要表现在拗陷速度的差异。然而具体到某一盆地，控制压实曲线类型的上述主导地质因素会有不同，有的盆地可能主要受控于岩性、岩相带，而有的盆地可能主要受控于构造。

研究区岩性、岩相带分布特征又受控于鄂尔多斯盆地三叠系延长组湖盆演化，湖盆演化又受控于湖盆底形、湖盆迁移变化及沉降中心和沉积中心演化。三叠系延长组沉积阶段经历了长 9 段沉积期、长 7 段沉积期、长 4+5 段沉积期 3 个主要湖侵期，受延长组沉积时期，古地形、坡降演化特征的控制，决定着储集砂体的沉积相类型、沉积演化规律，并且由于这种构造背景存在明显差异，造成了该区不同层系、不同区块地层层序、沉积环境、岩石学特征的差异。可见，延长组沉积时期的古构造特征，即古地形及其演化规律，控制着研究区的岩性、岩相带，最终控制该区压实系数的分布特征，所以延长组各含油层系的古构造（顶、底面构造）演化特征，对本区成藏具有关键控制作用。

盆地北部压实斜率小的地区呈北西-南东向展布，受沉积以及沉降中心的控制明显，而盆地西南局部地区，小压实斜率在泾川—合水一线地区呈南西-北东向分布。

如果沉积很快，泥页岩颗粒本身可能没有足够的时间去排列，结果孔隙度随埋深降低得慢，C 的绝对值小，压实趋势线陡。随着湖盆从东北向西南、向北迁移，远离东北物源而靠近西南物源区，并且西南部确实也存在沉降区，盆地西南部结构性质和盆地北部构造性质差异很大，较充足的物源供给以及较大的湖盆底形凹陷特征决定西南部压实斜率小。压实斜率的大小及其分布应该是最客观的，能表征沉积、沉降、物源供给及构造变动等综合因素影响的最终体现。因为压实斜率是受多种地质因素影响的一个综合参数，到底哪种因素起着关键作用，有待于后续的深入研究。

3. 单井异常压力纵、横分布特征

通过对区内 1000 余口探井读取泥岩声波时差值，按声波时差值与深度的关系，分别绘制了泥岩压实曲线并对其进行分析。不同地区压实曲线表明（图 5-6），最大埋藏时期各区地层基本从延长组长 6 段开始出现高压力异常，而异常压力幅度因不同地区而有差异。区内中西部 DZ4092 井纵向上发育有两段异常高压段，分别在长 6 段底、长 7 段上部，具有"双幅"特征；中西部正 411 井异常高压出现在长 7 段—长 9 段，表现为"漏斗"形，异常幅度"上大下小"；中东部的 ZH411 井表现明显的异常幅度出现在长 6 段—长 9 段；东北部的 JT442 井，纵向上长 6 段—长 10 段异常幅度表现为近"平直段"特征，说明在最大埋深时期几乎没有孕育异常压力，地层压力几乎处于静水压力状态。

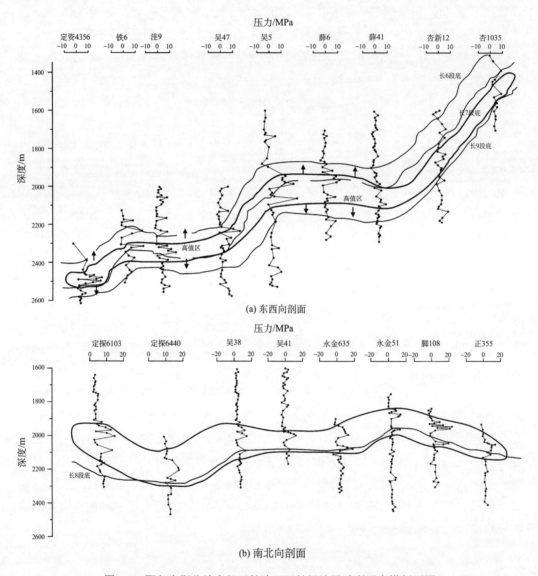

图 5-6　鄂尔多斯盆地南部延长油田延长组地层过剩压力横剖面图

4. 最大埋深时期异常地层压力平面分布特征

1）长 6 期异常地层压力

长 6 期地层过剩压力的高压带主要沿环县—正宁一线分布，最高值可达 12MPa，该区域两侧数值逐渐减小，至西南部的镇原地区地层过剩压力降低较快，形成一个局部的低值区；向研究区的中部、北部和南部地区，地层过剩压力逐渐降低至4.5MPa左右，研究区东部的榆林—甘泉一线发育另一个地层过剩压力的低值带，展布范围广阔，最低值为1.5MPa左右（图5-7）。

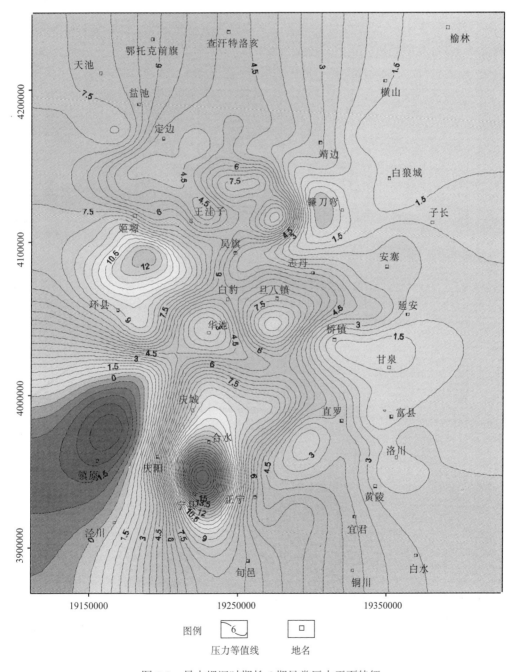

图 5-7　最大埋深时期长 6 期异常压力平面特征

2）长 7 期异常地层压力

地层过剩压力的高值区主要沿天池—桥镇一线及庆城—镇宁一线分布，形成两个高压带，大致呈北西-南东向展布，最高值达到 30MPa。

其中，天池—桥镇一线的高值区范围较广，而庆城—镇宁一线的高值带显得较为狭窄，分布范围窄。至研究区的东南部、西南部和东北部，地层过剩压力逐渐降低：其中，东北部的白狼城—榆林一线地层过剩压力值最低，为 1MPa 左右；东南部的直罗—白水一线，以及西南部的泾川地区地层过剩压力值较低，为 4MPa 左右（图 5-8）。

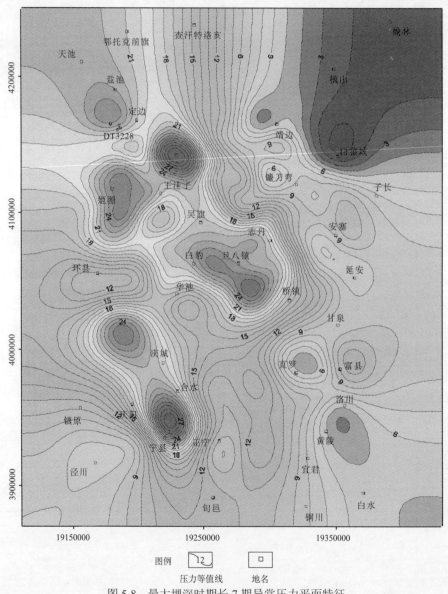

图 5-8　最大埋深时期长 7 期异常压力平面特征

3）长 8 期异常地层压力

地层过剩压力的高压带主要分布于研究区的中部和中部偏南的地区，其中主高压带沿定边—富县一线分布，在主高压带中旦八镇和志丹地区的地层过剩压力值又显得异常高，可达 25MPa。次高压带沿环县—宁县一线分布，地层过剩压力值为 7～10MPa。向研究区的东北部、东部和南部地区，地层过剩压力呈逐渐降低的总体趋势，低值中心位于镰刀弯和白狼城地区，最低值为 1MPa。在旦八镇高值区周围的定边、姬塬等地又分布一些局部的零星低值区（图 5-9）。

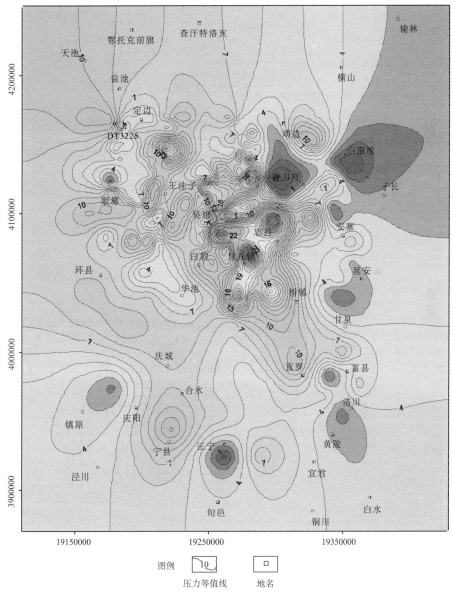

图 5-9 最大埋深时期长 8 期异常压力平面特征

4）长 9 期异常地层压力

地层过剩压力的高值区与低值区分化明显。高值区主要分布在 3 个部位：西北部的定边—查汗特洛亥地区、中部的白豹—甘泉一线、中部偏西南的环县—正宁一线，最高值可达 19MPa。其中西北部的高值区分布范围广，而中部的两个高值区分布范围较窄。主要的低值区位于西南部的镇原和东南部的铜川—白水地区，地层过剩压力为 3～5MPa。次要低值区零星分布于研究区中部的姬塬、白狼城等地（图 5-10）。

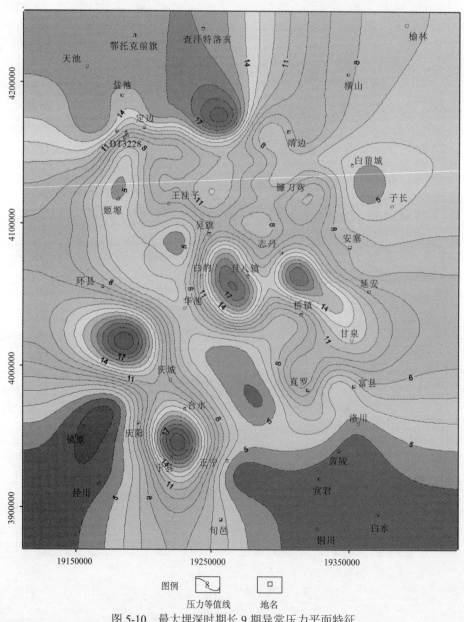

图 5-10　最大埋深时期长 9 期异常压力平面特征

5）长 10 期异常地层压力

长 10 期地层过剩压力分布呈现北高南低的特点。主高压带位于定边—桥镇一线，次高压带位于姬塬—环县—庆城一线，皆大致呈北西-南东向展布。南部庆城—正宁一线地层过剩压力明显偏低，多为 2～4MPa。研究区中部的镰刀弯和志丹等地地层过剩压力也偏低，形成零星分布的低值区（图 5-11）。

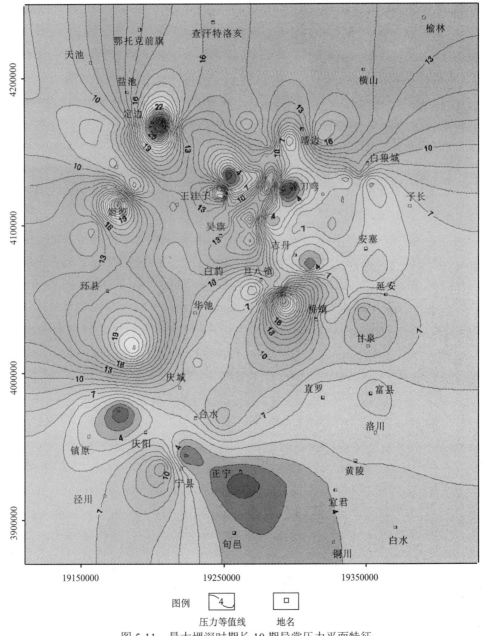

图 5-11 最大埋深时期长 10 期异常压力平面特征

四、不同层位间异常压力差平面特征

1. 长 7 期—长 6 期异常地层压力差

长 7 期—长 6 期压力差平面图显示，地层过剩压力的高值区和低值区分化明显。在西北部的天池—桥镇一线和西部的庆城—宁县一线形成两个高值区，大致呈北西-南东向展布，地层过剩压力差多为 15～25MPa（图 5-12）。

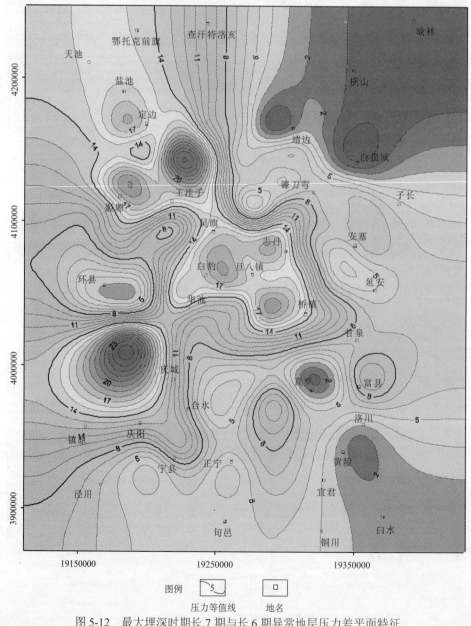

图 5-12　最大埋深时期长 7 期与长 6 期异常地层压力差平面特征

在研究区东北部的榆林、白狼城地区和西南的直罗—黄陵地区地层过剩压力差偏低，形成两个低值区，地层过剩压力差多为 1～5MPa。在两个高压带中间的环县地区分布一个小范围的低压区。

2. 长 7 期—长 8 期地层异常压力差

区内西北部的天池—白豹一线和西部的庆城—宁县一线形成两个高值区，大致呈北西-南东向展布，地层过剩压力差多为 10～20MPa（图 5-13）。

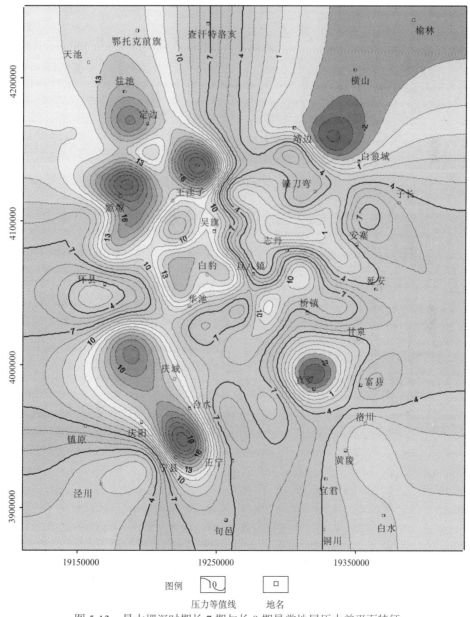

图 5-13　最大埋深时期长 7 期与长 8 期异常地层压力差平面特征

在研究区东北部的榆林、白狼城地区和西南的直罗地区地层过剩压力差偏低，形成两个低值区，地层过剩压力差多为–3～1MPa。

3. 长7期与最大（长8期+长9期）异常地层压力差

研究区西北部的盐池—桥镇一线和中部偏西的庆城—宁县一线为两个地层过剩压力差的高值区，大致呈北西-南东向展布，地层过剩压力差多为10～22MPa（图5-14）。

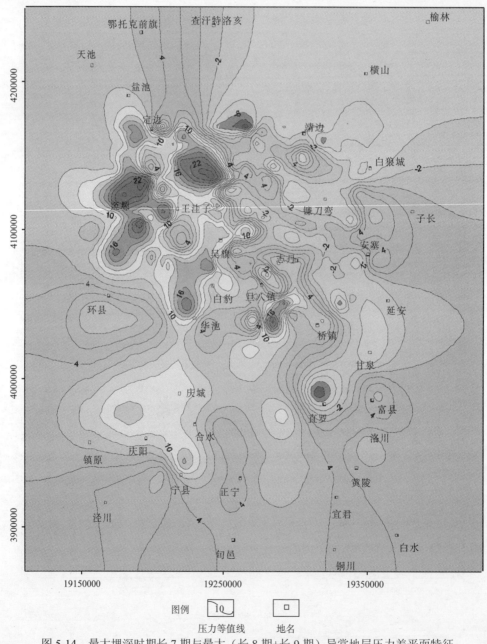

图 5-14　最大埋深时期长 7 期与最大（长 8 期+长 9 期）异常地层压力差平面特征

在研究区东北部的榆林、白狼城地区和西南部的直罗地区地层过剩压力差偏低，形成两个低值区，地层过剩压力差多为–8～–2MPa。镰刀弯、志丹等地区为高值区向低值区转化的过渡带。

4. 长9期与长8期异常地层压力差

区内压力差为4MPa以上的区域分布较为广泛（图5-15）。

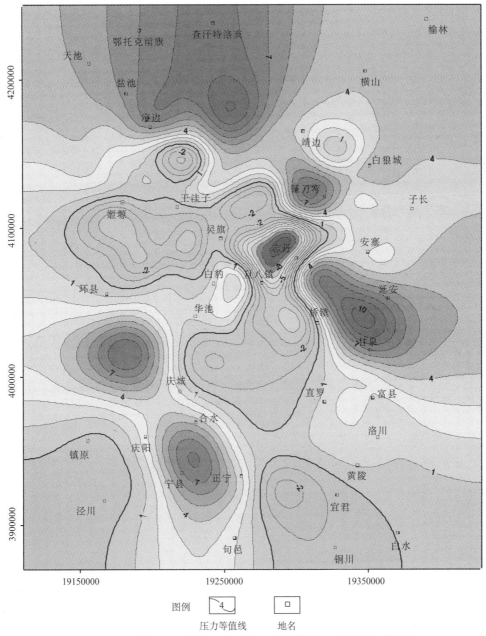

图 5-15　最大埋深时期长 9 期与长 8 期异常地层压力差平面特征

其中北部的查汗特洛亥—延安一线为一个广阔的高值区，地层过剩压力差数值为4～10MPa；中部偏西的环县—旬邑一线为地层过剩压力差的另一个高值区，大致呈北西-南东向展布，地层过剩压力差多为4～8MPa。在研究区中部的志丹地区地层过剩压力差明显偏低，形成一个小范围的低值区，地层过剩压力差多为–9～–5MPa。姬塬—铜川一线为高值区向低值区转化的过渡带。

五、层间异常压力差高值区与油藏分布

利用泥岩声波时差计算的最大埋深时地层异常压力，压实系数的大小直接决定着异常压力的大小。上已述及，压实系数与湖盆底面构造及其演化关系密切，所以，异常压力与油藏的关系在本质上也是湖盆底面构造及其演化与油藏的关系。

1. 长7期异常地层压力与整个延长组油藏耦合关系明显

长7期是湖盆发育鼎盛时期，泥质岩大量沉积，从长7期异常地层压力平面分布看，整个延长组油藏（长10期—长3期）中，绝大部分分布在异常压力高值区，分布在异常压力大于18 MPa的区域，仅在盆地东北部镰刀弯—延安地区，长4+5期、长3期油藏分布在异常地层压力相对较小的区域，异常压力为6～9 MPa（图5-16）。

2. 以长7段为源岩的长6段油藏分布在异常压力中值区带

因沉降、沉积及物源等背景不同，盆地东北部和西南部分属两个不同的压力系统区域，但长6期油藏均分布在相应压力系统带的中值范围。东北部异常压力最大为17MPa左右，长6期油藏分布在5～11MPa异常压力带，西南部异常压力最大达30MPa，长6期油藏主要分布在8～20MPa异常压力带。可能是因为长6期优质储层分布在异常高压带外，长6期储层距离长7源岩层较近，不需要过大的动力，就可使长7期烃类向上运聚到长6期储层，若异常压力过小，即便有好的储层条件也因动力差而难以向上运聚，因而形成长6期油藏分布在异常压力中值区带的特征（图5-17）。

3. 以长7期为源岩的长8期油藏大多分布于异常高压带

目前发现的规模较大的长8期油藏分布于盆地西南部，油气要向下运聚，似乎需要更大的异常压力作为动力，目前的勘探实践证实，长8期油藏大多分布在异常压力高值区（图5-18）。

4. 以长9期为源岩的长8期油藏可能仅分布于盆地西南或东北部

若仅从运聚动力角度考察，长9期与长8期因在盆地西南及东北部压力差大于0，所以油藏只可能分布在盆地西南或东北部局限区域（图5-19）。

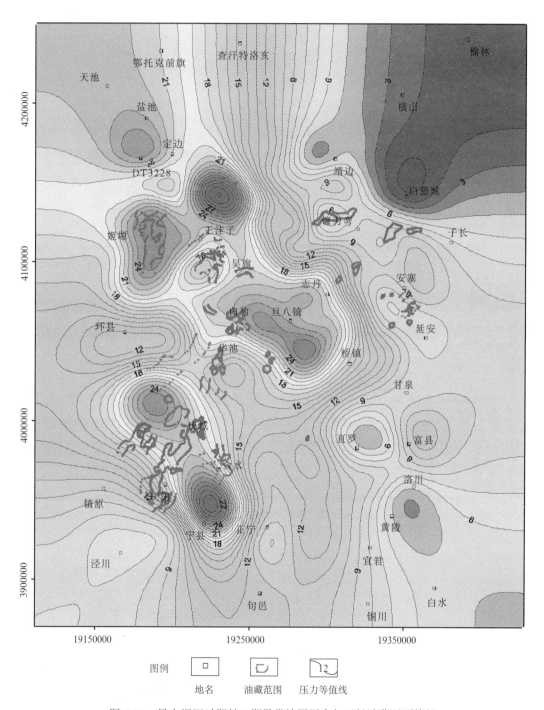

图例　　　　　□　　　　　▱　　　　　↳2
　　　　　地名　　　油藏范围　　　压力等值线

图 5-16　最大埋深时期长 7 期异常地层压力与延长油藏平面特征

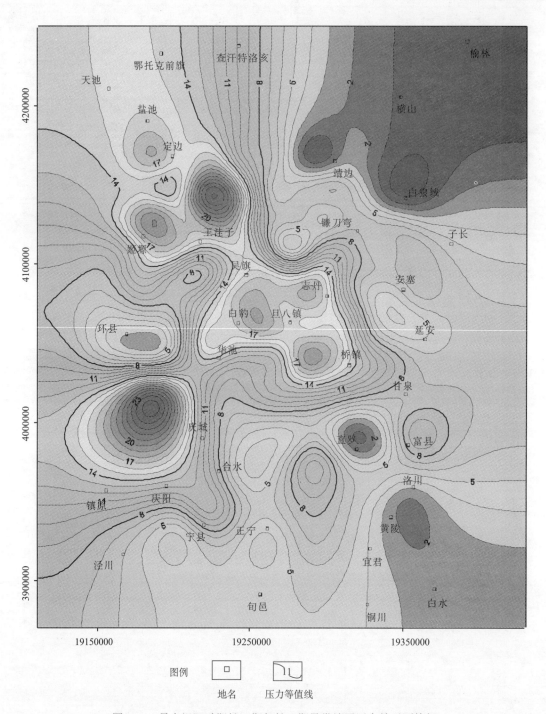

图 5-17　最大埋深时期长 7 期与长 6 期异常地层压力差平面特征

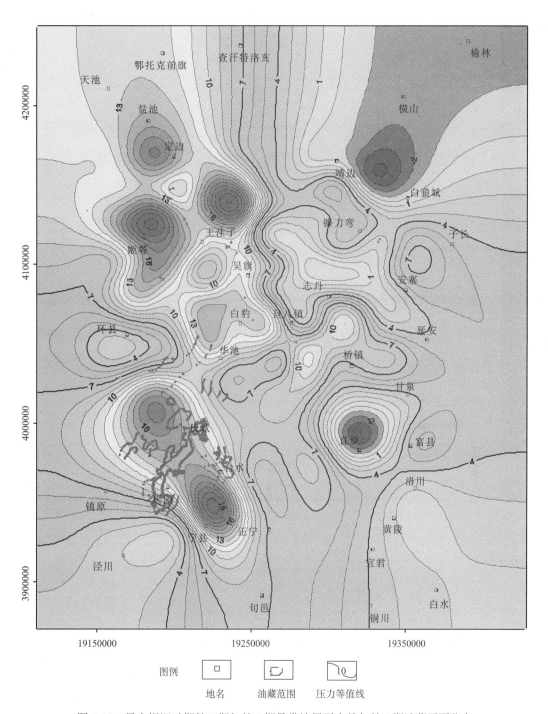

图 5-18　最大埋深时期长 7 期与长 8 期异常地层压力差与长 8 期油藏平面分布

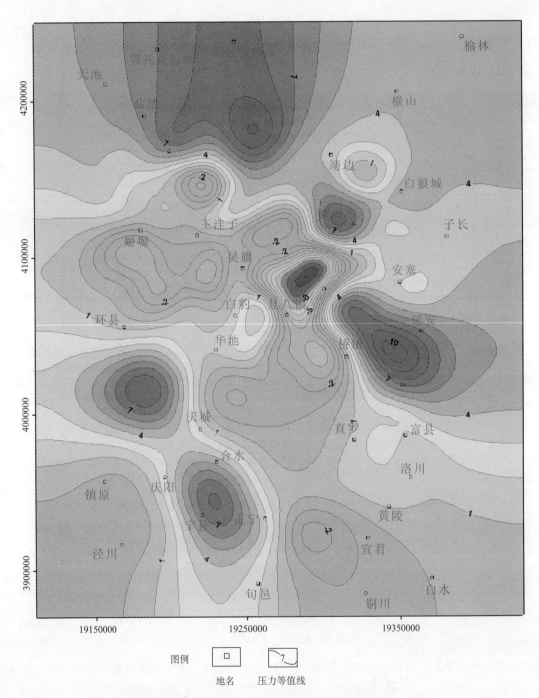

图 5-19　最大埋深时期长 9 期与长 8 期异常地层压力差分布

第六章　基于大量生烃期古凸起构造的多因素油藏有利区识别方法

一、源于勘探实践的油藏有利区识别思路

从前面分析认为，延长组各层底面在中侏罗世（开始生烃）到最大生烃时期发育多条大型古凸起构造，并且古凸起构造具有良好的继承性。勘探实践已充分证实，生烃时期发育的古凸起构造控制油藏分布，盆地东北部及西南部大油田均分布于古凸起构造两侧，可以肯定地说"大古隆控制大油田"。

生烃期前延长组各层底面古凸起构造，即类似通常所说的构造坡折带或底形等，对各层沉积时期优质储层的形成有利，而生烃期后，特别是大量生烃期的古凸起构造（或大型古鼻隆构造）对油藏保存非常有利。

基于这种认识，形成鄂尔多斯盆地延长组油藏勘探方法，本书将其叫做"基于大量生烃期古凸起构造的多因素（沉积、生烃层及层间压差等）油藏有利区识别方法"。

前人提出的关于鄂尔多斯盆地延长组油藏勘探方法，大多都是面面俱到，但具体到一个盆地、一个区块应该是某一个或少数几个成藏要素起到关键的控制作用。面面俱到的分析成藏势必导致抓不住重点，不利于实际生产操作，并且不符合科学的勘探理论。

由于本书研究涉及的层位多（延长组各重点油层）、面积广（整个盆地），因此仅以盆地东南部长 6 段和长 8 段的局部地区为例，具体说明"基于大量生烃期古凸起构造的多因素（沉积、生烃层及层间压差等）油藏有利区识别方法"的操作流程。

二、油藏有利勘探区识别步骤

1. 针对长 6 期油藏有利勘探区

油藏有利区识别方法可以概括为四大步骤：

第一步，依据大量生烃期古凸起构造图识别出古凸起的脊线位置及古凸起构造的底部位置（即确定古凸起范围及凸起高点连线）；

第二步，古凸起范围内，在古凸起高点连线（脊线）两侧的斜坡区域，识别出凸起构造有利区；

第三步，凸起构造有利区与层间异常压力差图叠合，识别出运聚有利区；

第四步，运聚有利区与沉积相图（如砂地比图）叠合，识别出沉积相有利区。此

沉积相有利区范围也就是最后识别出的最终勘探有利区。

1）识别古凸起范围及凸起高点连线

东南部桥镇—直罗—洛川地区，有一近北西-南东向展布的凸起构造，洛川—黄陵—宜君地区有一南西-北东走向的凸起构造，分别把凸起最高构造部位连线，再把凸起最低部位连线（图 6-1）。

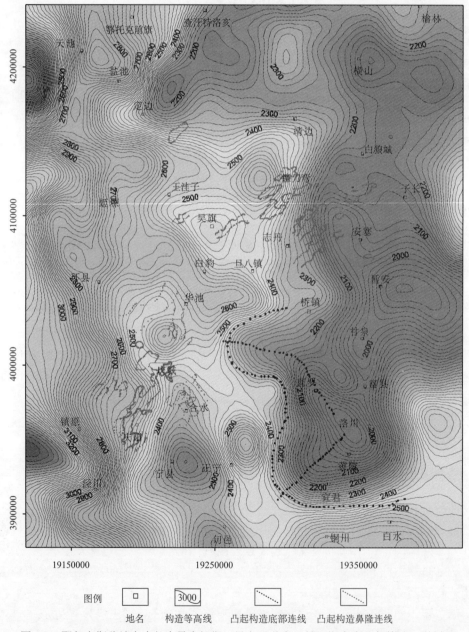

图 6-1　鄂尔多斯盆地东南部大量生烃期（早白垩世末）长 6 期底古凸起构造（举例）

2）识别古凸起构造有利区范围

凸起最高构造部位连线两侧到凸起最低部位连线间的范围，应该就是凸起构造范围（图6-2）。

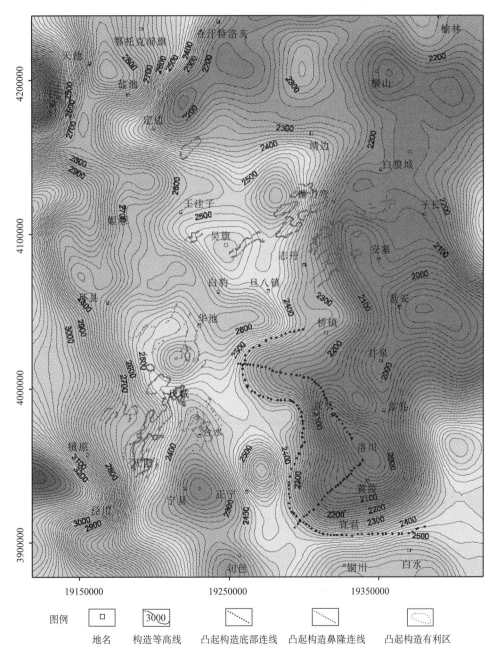

图例　□　3000　⋯⋯　⋯⋯　◌
　　　地名　构造等高线　凸起构造底部连线　凸起构造鼻隆连线　凸起构造有利区

图6-2　鄂尔多斯盆地东南部大量生烃期（早白垩世末）长6期底古凸起范围（举例）

3）识别运聚有利区范围

目前普遍认为，盆地中生界石油主要来自长 7 期的"张家滩页岩"，但最新研究认为长 9 期的"李家畔页岩"对中生界油藏的贡献不能忽视（王香增等，2012；Whang et al.，2015），特别是在盆地西南部地区（张文正等，2010）。

识别运聚有利区范围时应针对不同的烃源层分别考虑。

（1）假如长 6 期油藏来自长 7 期的"张家滩页岩"。

此时把第二步识别出来的长 6 期有利凸起构造范围叠合到长 7 期与长 6 期间异常地层压力差平面图上（图 6-3）。

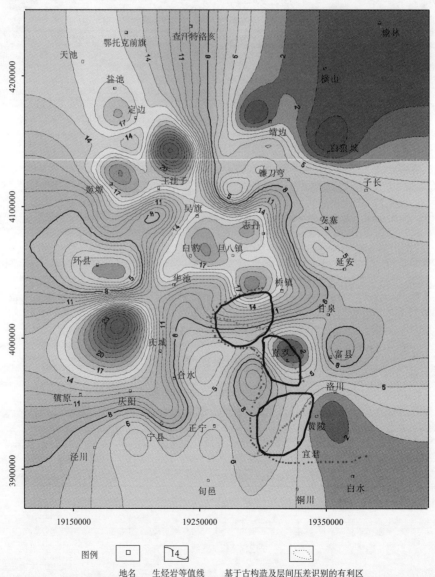

图例　　□　　　〔14　　　　　　〔＝＝〕
　　　　地名　　生烃岩等值线　　基于古构造及层间压差识别的有利区

图 6-3　鄂尔多斯盆地东南部大量生烃期（早白垩世末）长 6 期底古凸起与层间压差叠合（举例）

（2）假如长 6 期油藏来自长 9 期的"李家畔"页岩。

长 9 期"李家畔"页岩生成的烃必须有使其向上运聚的动力，并且至少要具有穿过长 8 期和长 7 期地层的动力，此时假定运聚通道不是问题（主要依靠纵向叠置的砂体作为通道）。把第二步识别出来的长 6 期有利凸起构造范围叠合到长 9 期与最大（长 7 期+长 8 期）地层压力差平面图上（图 6-4）。

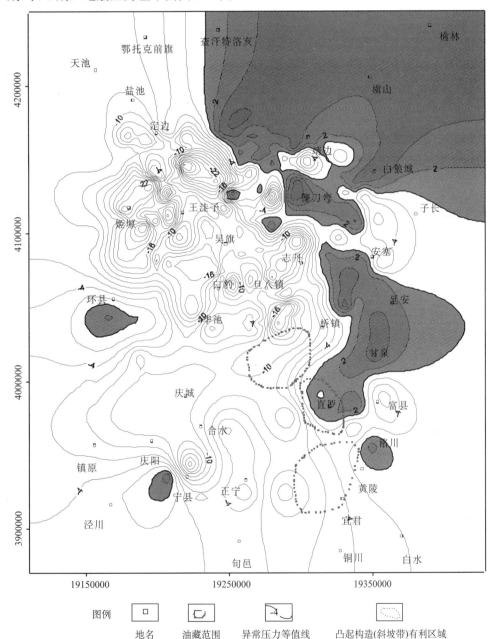

图 6-4　鄂尔多斯盆地东南部大量生烃期（早白垩世末）长 6 期底古凸起与层间压差 [长 9 期与最大（长 7 期+长 8 期）]叠合（举例）

从图 6-4 可以看出，仅在直罗部分地区有利凸起位置处于运聚动力有利带。从全盆地看，压差大于 2MPa 的地区主要集中在中东部，已发现油藏几乎全分布于负压差范围内，说明这些油藏的源岩几乎来自长 7 期的"张家滩"页岩而不是来自长 9 期的"李家畔"页岩。

综上认为，在本研究区的凸起有利区内，长 7 期与长 8 期异常地层压力差普遍大于 5MPa，最低大于 2MPa，凸起有利区范围内都值得继续勘探，范围不减，且油源来自长 7 期"张家滩"页岩，不必再继续考虑长 9 期"李家畔"页岩的生烃潜力等。

4）识别沉积相有利区范围，即最终的成藏有利区

从图 6-5 可以看出，运聚有利区范围并不在砂地比高的地区，更多的处于三角洲前缘（来自东北部物源）或扇三角洲前缘分布地带（来自东南部物源）。

考察已发现的油藏分布情况，中东部油藏大多位于砂地比大于 48% 的区域，而东南部油藏几乎全部位于砂地比为 18%～24% 的区域，预示着在盆地南部更多的优质储层为浊积岩成因，华池地区新近发现的大型长 6 期油田，其储层主要是浊积岩成因，而桥镇地区和华池地区物源同来自东北部，并且桥镇西南区域具有浊积岩形成的"底形条件"（图 6-5 中构造有利区所示），即底面凸起构造。所以，长 6 期在东南部完全有可能寻找到大面积浊积岩成因的优质储层。

图 6-5 中有利运聚区恰好位于三角洲前缘分砂体地带，所以，该区域内均为勘探有利区，特别是图中处于斜坡带的区域，依据浊积岩的成藏模式，认为是浊积岩最可能发育区。

要形成浊积岩，沉积时期层底面必须具有凸起构造，本书研究发现各层沉积时期底面凸起构造十分发育。只要具备底面凸起构造，就应该发育浊积岩成因的优质储层。延长组各层浊积岩均有发育，王起琮等（2006）认为鄂尔多斯盆地东南部三叠系延长组一段湖相浊积岩主要分布于子长县寺湾和横山县庙沟等地区，位于长 1 段上部。

2. 针对长 8 期油藏有利勘探区（简述）

图 6-6 显示长 8 期底古凸起范围规模大，依据步骤一、二确定长 8 期凸起构造（斜坡带）有利区。

本书只讨论长 7 期"张家滩"页岩为长 8 期油藏提供烃源岩，对于长 9 期"李家畔"页岩为长 8 期油藏提供烃源岩的操作方法相同。

图 6-7 表明，在直罗地区长 7 期与长 8 期压力差为负压力异常，一般小于–2MPa，负压力异常范围内，长 7 期"张家滩"页岩无法向下运聚到长 8 期地层，所以，接下来的勘探有利区范围就相应缩小。在步骤一、二中识别的凸起构造有利区范围应该缩小，缩小为图 6-6，该区域也就是二次叠加后产生的运聚有利区范围。

接着该运聚有利区范围与长 8 期沉积相（砂地比）图叠合（图 6-8），已发现的长 8 期油藏一般处于砂地比中等偏低范围，即 22%～28%，代表三角洲前缘相，所以，最后在运聚有利区范围内，识别出 4 个长 8 期有利勘探区块（图 6-8）。

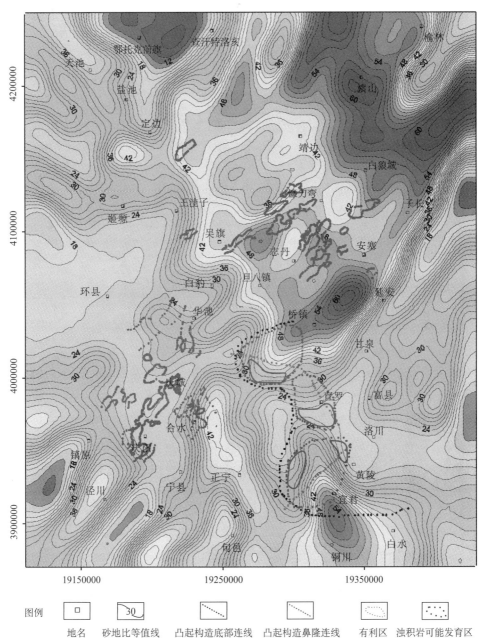

图例

□	30	⋰⋰	⋰⋰	⋰⋰	⋰⋰
地名	砂地比等值线	凸起构造底部连线	凸起构造鼻隆连线	有利区	浊积岩可能发育区

图 6-5　鄂尔多斯盆地东南部长 6 期有利区预测（举例）

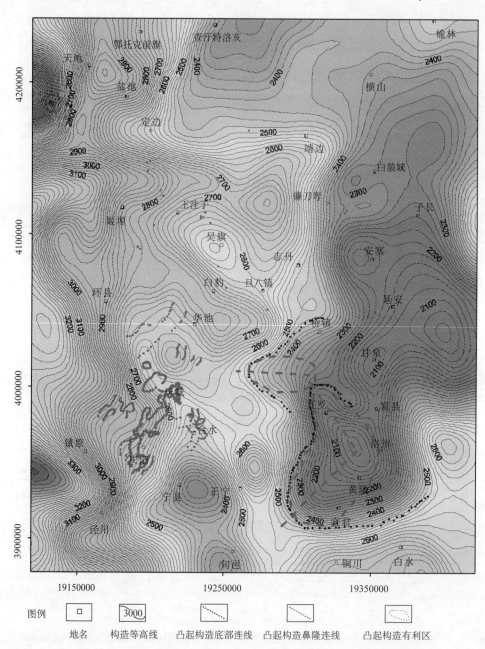

图 6-6　鄂尔多斯盆地东南部大量生烃期长 8 期底古凸起有利区范围

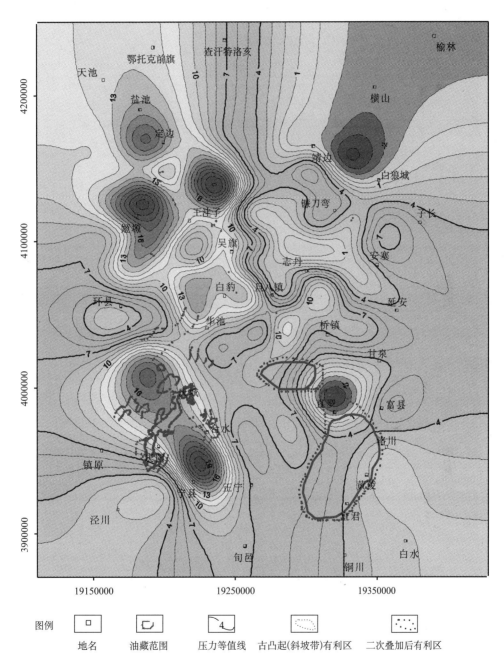

图 6-7 鄂尔多斯盆地东南部长 8 期运聚有利区范围

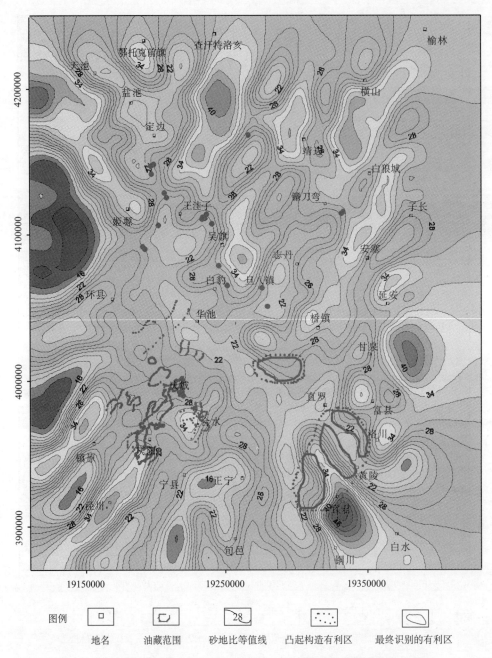

图 6-8　鄂尔多斯盆地东南部最终识别的长 8 期油藏有利勘探区范围（举例）

结　　论

（1）采用"单因素成图多因素综合分析"的工作方法，使用到目前为止最丰富的钻井资料获取的残余地层厚度、小层砂地比及部分小层的泥岩厚度，依据地层厚度法原理，分析了各期沉积中心及其迁移特征，认为在湖盆的形成阶段（长10期—长7期）和消亡阶段（长7期—长1期），表现为沉积凹陷"分离—聚合—再分离"的特征。湖盆的形成阶段（长10期—长7期），表现为1个主、2个次沉积凹陷及其迁移现象，沉积凹陷（或沉积轴）分别向东北、西南同时迁移，表明湖盆范围不断扩大。而在湖盆消亡阶段（长7期—长1期），2个沉积中心或沉积凹陷（或沉积轴）分别向东南、西北方向迁移，表明湖盆不断萎缩，直到最后消亡。

本书依据地层厚度法原理得出的结论，虽然较系统、详细，但因其原理本身的局限性，其结果不尽完美。到目前为止，几乎全采用该方法研究湖盆及其演化特征。

（2）首次系统恢复出了盆地延长组各期地层底面凹凸构造面貌演化历史，即湖盆沉降史。基于地层沉降史的分析，研究湖盆的演化及其迁移规律。"沉降决定沉积"，所以，该方法得出的湖盆演化结果翔实、准确。

湖盆沉降史结果表明，在盆地中部和南部分别发育1个沉降中心，中部各期沉降中心轴线在定边—甘泉一线左右来回迁移，而西南部各期沉降中心轴线在环县—旬邑一线左右来回迁移，长7期湖盆是中、西南部两个湖盆合二为一的时期。

（3）比较了常规方法与基于沉降史恢复方法得出的湖盆演化规律的异同。依据定量化恢复出的各期沉降历史，研究沉积中心更为准确，认为长10期—长9期，盆地具有2个规模相当的湖盆沉降凹陷区。长8期，盆地2个湖盆凹陷仍规模相当，且同时向北移动。

（4）各沉积期湖盆底面凹凸构造及其演化特征表明，各期底面凸起构造（鼻隆构造）丰富，特征明显，三叠系延长组油藏大多分布于底面凸起构造（鼻隆构造）两侧的斜坡带，该构造斜坡带是优质储层（如浊积岩）形成的必要条件。浊积岩的物源是三角洲前缘砂体，这也是油藏主要分布于三角洲前缘沉积体系的原因——构造缓坡带（坡折带）是浊积岩砂体、水下分流河道及河口坝砂体储层形成的场所。

（5）生烃期后各层底面凹凸构造面貌特征显示，生烃期底面凸起构造（鼻隆构造）具有继承性，对后期大油藏的形成起到决定性作用。生烃期"大鼻隆控制大油田分布"，而现今构造与油藏关系不是很密切，仅在长3期，其次是长4+5期油层段，现今构造对油藏的形成起到一定的控制作用。

（6）系统计算出了全盆地各主要含油层系异常地层压力及层间异常地层压力差。

单层异常地层压力表明，油藏均分布在最大异常地层压力带两侧，临近压力高值区。针对不同的生烃源层，指出了油气可能的聚集场所，结合识别出的延长组各小层构造斜坡带（坡折带）位置，指出有利成藏区。

（7）（初步）形成了"基于大量生烃期古凸起构造的多因素（沉积、生烃层及层间压差等）油藏有利区识别"方法，指出该方法的具体操作流程，便于指导生产勘探。

研究认为：①首先依据大量生烃期古凸起构造图识别出古凸起的脊线位置及古凸起构造的底部位置，即确定古凸起范围及凸起高点连线；②古凸起范围内，在古凸起高点连线（脊线）两侧的斜坡区域，识别出凸起构造有利区；③凸起构造有利区与层间异常压力差图叠合，识别出运聚有利区范围；④运聚有利区与沉积相图（如砂地比图）叠合，识别出沉积相有利区，此沉积相有利区范围也就是最后识别出的最终勘探有利区。

参 考 文 献

曹红霞, 李文厚, 陈全红, 等. 2008. 鄂尔多斯盆地南部晚三叠世沉降与沉积中心研究[J]. 大地构造与成矿学, (2): 159-164.

陈荷立, 刘勇, 宋国初. 1990. 陕甘宁盆地延长组地下流体压力分布及油气运聚条件研究[J]. 石油学报, (4): 8-16.

陈荷立, 罗晓容. 1988. 砂泥岩中异常高流体压力的定量计算及其地质应用[J]. 地质论评, (1): 54-63.

杜少林. 2010. 富县区块中生界压实特征与成藏关系研究[D]. 成都: 成都理工大学.

冯增昭. 2004. 中国寒武纪和奥陶纪岩相古地理[M]. 北京: 石油工业出版社.

付金华, 郭正权, 邓秀芹. 2005. 鄂尔多斯盆地西南地区上三叠统延长组沉积相及石油地质意义[J]. 古地理学报, (1): 34-44.

傅强, 李益. 2010. 鄂尔多斯盆地晚三叠世延长组长 6 期湖盆坡折带特征及其地质意义[J]. 沉积学报, (2): 294-298.

傅强, 吕苗苗, 刘永斗. 2008. 鄂尔多斯盆地晚三叠世湖盆浊积岩发育特征及地质意义[J]. 沉积学报, (2): 186-192.

高红芳, 王衍棠, 郭丽华. 2007. 南海西部中建南盆地油气地质条件和勘探前景分析[J]. 中国地质, (4): 592-598.

龚再升, 王国纯. 1997. 中国近海油气资源潜力新认识[J]. 中国海上油气（地质）, (1): 1-12.

郭秋麟, 米石云, 石广仁, 等, 1998. 盆地模拟原理方法[M]. 北京: 石油工业出版社.

何自新, 等. 2003. 鄂尔多斯盆地演化与油气[M]. 北京: 石油工业出版社.

洪庆玉. 1992. 沉积物重力流地质学[M]. 成都: 成都科技大学出版社.

李德生. 2004. 重新认识鄂尔多斯盆地油气地质学[J]. 石油勘探与开发, (6): 1-7.

李凤杰, 王多云, 陈践发. 2004b. 鄂尔多斯盆地陇东地区延长组层序地层及岩相古地理[C]. 第三届全国沉积学大会论文摘要汇编, 成都.

李凤杰, 王多云, 王峰. 2004a. 坡折带的坳陷湖盆缓坡带高分辨率层序地层学研究[C]. 第三届全国沉积学大会论文摘要汇编, 成都.

李凤杰, 王多云, 徐旭辉. 2005. 鄂尔多斯盆地陇东地区三叠系延长组储层特征及影响因素分析[J]. 石油实验地质, (4): 365-370.

李培超, 孔祥言, 李传亮, 等. 2002. 地下各种压力之间关系式的修正[J]. 岩石力学与工程学报, (10): 1551-1553.

李群, 王英民. 2003. 陆相盆地坡折带的隐蔽油气藏勘探战略[J]. 地质论评, (4): 445-448.

李树同, 王多云, 王彬, 等. 2008. 坳陷型湖盆缓坡边缘沉积坡折带的识别——以鄂尔多斯盆地三叠纪延长期沉积坡折带为例[J]. 天然气地球科学, (1): 83-88.

李思田, 李祯, 林畅松, 等. 1993. 含煤盆地层序地层分析的几个基本问题[J]. 煤田地质与勘探, (4): 1-9.

李思田, 潘元林, 陆永潮, 等. 2002. 断陷湖盆隐蔽油藏预测及勘探的关键技术——高精度地震探测基础上的层序地层学研究[J]. 地球科学(中国地质大学学报), (5): 592-598.

李文厚, 魏红红, 邵磊, 等. 2001. 西北地区湖相浊流沉积[J]. 西北大学学报（自然科学版）, (1): 57-62.

李相博, 刘化清, 陈启林, 等. 2010. 大型坳陷湖盆沉积坡折带特征及其对砂体与油气的控制作用——以鄂尔多斯盆地三叠系延长组为例[J]. 沉积学报, (4): 717-729.

李相博, 刘化清, 等. 2009. 鄂尔多斯盆地三叠系延长组砂质碎屑流储集体的首次发现[J]. 岩性油气藏, (4): 19-21.

李兴文. 2010. 鄂尔多斯盆地镇泾区块中生界油气成藏特征研究[D]. 成都: 成都理工大学.

李祯, 温显端, 周慧堂, 等. 1995. 鄂尔多斯盆地东缘中生代延长组浊流沉积的发现与意义[J]. 现代地质, (1): 99-107, 135-136.

林畅松, 潘元林, 肖建新, 等. 2000. "构造坡折带"——断陷盆地层序分析和油气预测的重要概念[J]. 地球科学（中国地质大学学报）, (3): 260-266.

刘池洋, 赵红格, 王锋, 等. 2005. 鄂尔多斯盆地西缘(部)中生代构造属性[J]. 地质学报, 79(6): 737-745.

刘豪, 王英民, 王媛. 2004. 坳陷湖盆坡折带特征及其对非构造圈闭的控制[J]. 石油学报, (2): 30-35.

刘豪, 王英民. 2004. 准噶尔盆地坳陷湖盆坡折带在非构造圈闭勘探中的应用[J]. 石油与天然气地质, (4): 422-427.

刘小琦, 邓宏文, 李青斌, 等. 2007. 鄂尔多斯盆地延长组剩余压力分布及油气运聚条件[J]. 新疆石油地质, (2): 143-145.

刘晓峰, 解习农, 姜涛, 等. 2006. 东营凹陷流体动力系统研究[J]. 地质科技情报, (1): 55-59.

马宝林, 彭作林, 史基安, 等. 2000. 天然气形成的地质基础条件[M]. 北京: 科学出版社.

马文璞. 1992. 区域构造解析方法理论和中国板块构造[M]. 北京: 石油工业出版社.

秦长文, 庞雄奇. 2005. 柴达木盆地露头油藏的特征及其勘探前景[J]. 石油实验地质, (3): 256-259.

屈红军, 杨县超, 曹金舟, 等. 2010. 鄂尔多斯盆地上三叠统延长组深层油气聚集规律[J]. 石油学报, 32(2): 243~246.

任战利. 1996. 鄂尔多斯盆地热演化史与油气关系的研究[J]. 石油学报, (1): 17-24.

石广仁. 1994. 油气盆地数值模拟方法[M]. 北京: 石油工业出版社.

石广仁. 1999. 油气盆地数值模拟方法[M]. 第2版. 北京: 石油工业出版社.

孙肇才. 1964. 鄂尔多斯盆地形成和中生代沉积场陷带发展演变等几个问题的探讨[J]. 中华人民共和国石油地质文集, (1): 3-75.

孙肇才. 1980. 鄂尔多斯盆地北部地质构造格局及前中生界的油气远景[J]. 石油学报, (03): 7-17.

孙肇才. 2003. 石油地质论文选[M]. 北京: 地质出版社.

王昌勇, 郑荣才, 王成玉, 等. 2010. 鄂尔多斯盆地姬塬地区延长组中段岩性油藏成藏规律研究[J]. 岩性油气藏, (2): 84-89, 94.

王鸿祯, 翟裕生, 游振东, 等. 2000. 中国地质科学50年的简要回顾[J]. 地质论评, (1): 1-7.

王建民. 2006. 鄂尔多斯盆地南部中生界大中型油田形成条件与勘探策略[J]. 石油勘探与开发, (2): 145-149.

王起琮, 李文厚, 赵虹, 等. 2006. 鄂尔多斯盆地东南部三叠系延长组一段湖相浊积岩特征及意义[J]. 地质科学, (1): 54-63, 插53.

王香增, 高胜利, 张丽霞, 等. 2012. 延长油田延长组下部油藏与构造的耦合作用及勘探方向[J]. 石油实验地质, (5): 459-465.

王晓梅, 王震亮, 管红, 等. 2006. 鄂尔多斯盆地延长矿区油气运移成藏研究[J]. 天然气地球科学, (4): 485-489.

王宜林, 张国俊, 李立诚, 等. 1997. 第五届全国沉积学及岩相古地理学学术会议论文集[M]. 乌鲁木齐: 新疆科技卫生出版社.

王英民, 刘豪, 李立诚, 等. 2002. 准噶尔大型坳陷湖盆坡折带的类型和分布特征[J]. 地球科学（中国地质大学学报）, (6): 683-688.

王震亮, 陈荷立. 2007. 神木—榆林地区上古生界流体压力分布演化及对天然气成藏的影响[J]. 中国科学 D 辑（地球科学）, (1): 49-61.

王震亮, 张立宽, 孙明亮, 等. 2004. 鄂尔多斯盆地神木—榆林地区上石盒子组石千峰组天然气成藏机理[J]. 石油学报, (03): 37-43.

文应初. 1983. 陕甘宁盆地晚三叠世的湖相重力流沉积及其含油性[J]. 西南石油学院学报, (2): 1-21.

吴保祥, 段毅, 郑朝阳, 等. 2008. 鄂尔多斯盆地古峰庄-王洼子地区长 9 油层组流体过剩压力与油气运移研究[J]. 地质学报, (6): 844-849.

吴崇筠, 薛叔浩. 1988. 我国油区碎屑岩沉积学研究现状[J]. 矿物岩石地球化学通讯, (2): 81-82.

吴永平, 王允诚, 李仲东, 等. 2008. 镇泾地区地层异常压力与油气运聚关系[J]. 西南石油大学学报, (1): 47-50.

杨华, 刘显阳, 张才利, 等. 2007. 鄂尔多斯盆地三叠系延长组低渗透岩性油藏主控因素及其分布规律[J]. 岩性油气藏, (3): 1-6.

杨华, 田景春, 王峰, 等. 2009 . 鄂尔多斯盆地三叠纪延长组沉积期湖盆边界与底形及事件沉积研究[M]. 北京: 地质出版社.

杨小萍, 白玉宝. 2000. 陕甘宁中生代地层异常压力对次生孔隙形成的作用[J]. 西安石油学院学报（自然科学版）, (3): 4-6.

杨飏, 郭正权, 黄锦绣, 等. 2006. 鄂尔多斯盆地西南部延长组过剩压力与油藏的关系[J]. 地球科学与环境学报, (2): 49-52.

杨治林. 1984. 柴达木盆地一里平凹陷沉积环境探讨[J]. 石油勘探与开发, (4): 31-38.

英亚歌, 王震亮, 范昌育. 2011. 鄂尔多斯盆地陇东地区延长组流体动力作用下的石油运移与聚集特征[J]. 石油与天然气地质, (1): 118-123.

张文正, 杨华, 解丽琴, 等. 2010. 湖底热水活动及其对优质烃源岩发育的影响——以鄂尔多斯盆地长 7 烃源岩为例[J]. 石油勘探与开发, (4): 424-429.

赵靖舟, 王永东, 孟祥振, 等. 2007. 鄂尔多斯盆地陕北斜坡东部三叠系长 2 油藏分布规律[J]. 石油勘探与开发, (1): 23-27.

郑和荣, 吴茂炳, 邬兴威, 等. 2007. 塔里木盆地下古生界白云岩储层油气勘探前景[J]. 石油学报, (2): 1-8.

周江羽, 卢刚臣, 李玉海, 等. 2010. 歧口凹陷复式含油气系统及构造控藏模式[J]. 大地构造与成矿学, (4): 492-498.

Chen Q H, Li W H, Gao Y X, et al. 2007. The deep-lake deposit in the upper Triassic Yanchang formation in Ordos Basin, China and its significance for oil-gas accumulation[J]. Science in China Series D-Earth Sciences, 50: 47-58.

Hap B U, Hardonbol J, Vail P R. 1987. Chronology of fluctuating sea levels since the Triassic[J]. Science, (235): 1156-1166

Hedberg H D. 1979. 国际地层指南 地层划分、术语和程序. 北京: 科学出版社.

Li X B, Chen Q L, Liu H Q, et al. 2011. Features of sandy debris flows of the yanchang formation in the Ordos Basin and its oil and gas exploration significance[J]. Acta Geologica Sinica-English Edition, 85: 1187-1202.

Liu F, Zhu X, Li Y, et al. 2016. Sedimentary facies analysis and depositional model of gravity-flow deposits of the yanchang formation, southwestern Ordos Basin, NW China[J]. Australian Journal of Earth

Sciences, 63: 885-902.

Wang J M, Wang J Y. 2013. Low-amplitude structures and oil-gas enrichment on the Yishaan Slope, Ordos Basin[J]. Petroleum Exploration and Development, 40: 52-60.

Wang X Z, Lei Y H, Wang X F. 2015. Genesis types and sources of Mesozoic Lacustrine shale gas in the Southern Ordos Basin, NW China[J]. Energy Exploration & Exploitation, 33: 317-337.